U0175405

内蒙古自然资源
少儿科普丛书

古生物信笺

GUSHENGWU XINJIAN

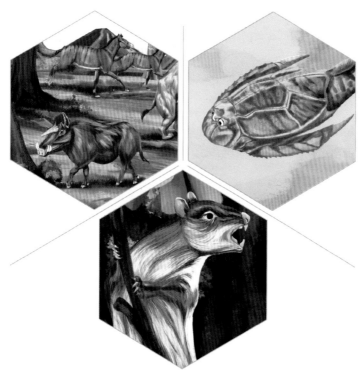

内蒙古自然博物馆／编著

内蒙古人民出版社

图书在版编目(CIP)数据

古生物信笺／内蒙古自然博物馆编著. --呼和浩特：
内蒙古人民出版社，2021.7
（内蒙古自然资源少儿科普丛书）
ISBN 978-7-204-16758-6

Ⅰ.①古… Ⅱ.①内… Ⅲ.①古生物-生物资源-内
蒙古-少儿读物 Ⅳ.①Q91-49

中国版本图书馆 CIP 数据核字(2021)第 093832 号

古生物信笺

作　　者	内蒙古自然博物馆
策划编辑	贾睿茹
责任编辑	贾睿茹
责任校对	杜慧靖
责任监印	王丽燕
封面设计	宋双成
音频制作	张怀远
出版发行	内蒙古人民出版社
地　　址	呼和浩特市新城区中山东路 8 号波士名人国际 B 座 5 层
网　　址	http://www.impph.cn
印　　刷	内蒙古爱信达教育印务有限责任公司
开　　本	787mm×1092mm　1/16
印　　张	13
字　　数	260 千
版　　次	2021 年 8 月第 1 版
印　　次	2021 年 8 月第 1 次印刷
书　　号	ISBN 978-7-204-16758-6
定　　价	48.50 元

如发现印装质量问题,请与我社联系。联系电话:(0471)3946120

《内蒙古自然资源少儿科普丛书》
编委会

主　编：王军有　曾之嵘

副主编：刘治平　郭　斌

编委会主任：马飞敏　陈延杰

编　委（以姓氏笔画为序）：

马姝丽　王　嵋　王　磊　王姝琼　冯泽洋

刘　皓　刘思博　李　榛　佟　瑶　佟　鑫

张　茗　陆睿琦　青格勒　周　斌　郝　琦

郜　杰　高伟利　郭　磊　康艾

文字统筹：高丽萍

小小探险家

这场内蒙古探秘之旅
你准备好了吗？

我们为正在阅读本书的你 提供了以下专属服务

★探秘必备法宝★

本书讲解音频： 跟随讲解的声音，探秘内蒙古自然资源！

配套电子书： 在线读一读，内蒙古自然资源知识超齐全！

🧰 领取探秘工具

自然卡片扫一扫，大自然的秘密都被你发现啦！

拍照记科普笔记，有趣的科普知识通通帮你存好了！

趣味测一测，原来你对自然资源这么了解哦！

📖 拓展探秘知识

看看科普视频，大自然的科普竟然这么有趣！

翻翻优选书单，噢！你的探秘技能也翻一番！

📖 微信扫码

添加 **智能阅读小书童**

告诉你内蒙古探秘的好去处

前　言

　　壮美的内蒙古横亘祖国北疆，跨越东北、华北、西北三区，土地总面积118.3万平方公里。内蒙古是我国重要的生态功能区，自然禀赋得天独厚，拥有草原、森林、水域、荒漠等多种独特的自然形态和自然资源。内蒙古的森林面积居全国之首。内蒙古保有矿产资源储量居全国之首的有22种，居全国前三位的有49种，居全国前十位的有101种。内蒙古人民珍爱自然，已建立自然保护区182个、国家森林公园43个、国家湿地公园49个，还有世界地质公园3个、国家地质公园8个。

　　绿色是内蒙古的底色，也是内蒙古未来发展的方向。习近平总书记指出："内蒙古生态状况如何，不仅关系全区各族群众生存和发展，而且关系华北、东北、西北乃至全国生态安全。把内蒙古建成我国北方重要生态安全屏障，是立足全国发展大局确立的战略定位，也是内蒙古必须自觉担负起的重大责任。"

　　绿水青山就是金山银山。自然是人类赖以生存和发展的根基。广袤的草原、肥沃的土地、水产丰富的江河湖海等，不仅给人类提供了生活资料来源，也给人类提供了生产资料来源。人类善待自然，按照大自然规律活动，取之有时，用之有度，自然就会慷慨地馈赠人类。正如《孟子》所说："不违农时，谷不可胜食也；

数罟不入洿池，鱼鳖不可胜食也；斧斤以时入山林，材木不可胜用也。"我们要牢固树立绿色发展理念，坚持走生态文明之路。

培养绿色发展理念，首先要熟悉热爱大自然。内蒙古自然博物馆是内蒙古首座集收藏陈列、科学研究、科普教育为一体的大型自然博物馆，是国内泛北极圈自然资源特色鲜明、收藏和展示功能一流的自然博物馆，更是宣传内蒙古、让世界人民了解内蒙古的窗口和平台。为了让少年儿童充分了解内蒙古的自然资源，内蒙古人民出版社联合内蒙古自然博物馆出版了《内蒙古自然资源少儿科普丛书》。丛书包含动物、植物、矿物及古生物四个主题，着重介绍了它们鲜为人知的有趣知识，让少年儿童了解它们的故事，进而培养保护自然的意识。

《内蒙古自然资源少儿科普丛书》凝聚着博物馆人对内蒙古自然资源的理解与感受。在丛书或长或短的文字描绘中，知识只是背景，感受才是主体。请随着我们的目光，细细观察每一个物种、每一种矿产，聆听它们的生动故事，感受大自然的殷切召唤。

编委会
2021年8月

目录
CONTENTS

中生代   64

古生代

　　我们都知道，一天有24个小时。那你知道吗？如果把地球诞生的46亿年压缩成24个小时，那么凌晨4点的时候，地球上才开始出现生命，22：50恐龙才刚刚诞生。而当距离这24个小时的结束仅有4秒的时候，我们人类才呱呱坠地。就像我们永远无法知道下一秒会发生什么一样，地球上的生物也无法知道它们将面临什么。无论是诞生还是灭绝，都是它们无法控制的，它们能做的，只有不断进化、不断向前，寻找生的希望。

　　为了使我们更加清晰地了解地球的历史，地质学家们将地球经历的每个瞬间划分成许多"纪元"，建立了一套由宙、代、纪、世、期等时间单位构成的地质时代体系。各个纪元不同的自然环境、地质活动等因素造就了一个又一个鲜活的生命，我们脚下的大地深处，便有它们曾经存在的证明。

古生代生物群 ▼

前寒武纪

在地球的"凌晨4点"之前，地球并不像现在这般生机勃勃，那是一个经常被小行星或彗星攻击的、由一团星尘凝聚而成的星球，岩浆流淌至星球的每一个角落。随着撞击减少和岩浆凝固，相对稳定的海洋和大气层逐渐形成。

地球进入"太古宙"，在海底热液喷口处出现了最早的生命——细菌和古细菌。"元古宙"的地球又产生了"真核细胞"，进而形成了以藻类和原始动物为主的多细胞生物，它们的个头很小，最大的仅有几厘米。

时间来到距今8亿~5.4亿年前的新元古代晚期，这一时期叫作"震旦纪"，这是在中国命名并向国际推荐的一个地质年代名称，其中，距今6.35亿~5.14亿年间为"埃迪卡拉纪"。

古生代

埃迪卡拉生物群

　　埃迪卡拉纪是前寒武纪的最后一个纪元，这之前的地球就是一个"雪球"，新生的弱小生物在这一个超级大冰期中顽强地活着。在埃迪卡拉纪，地球开始从大浩劫中逐渐恢复生机，幸存的小生命——原始藻类趁机大量繁殖，不断制造氧气。经过它们的不懈努力，终于积少成多，使大气中的含氧量一路飙升，由之前的3%增加到10%~12%。与此同时，海水中的氧气也随之增加。这不仅有利于生物呼吸，还使地球形成一层隐形的"保护膜"——臭氧层，它可以防止阳光中的紫外线伤害弱小的生命。

　　海洋中的生命为了生存，将自己变成了又扁又圆的样子，通过这样的方法扩展自身的体表面积，更有利于呼吸。它们像一张张"大饼"，安逸地生活在海洋中。但是好景不长，埃迪卡拉纪末期的海洋中，出现了新的群体——小壳生物群。它们的身体被硬壳覆盖，面对毫无反抗能力的"原住民"，它们大吃特吃，直到这些"小家伙"彻底消失在海洋之中。伴随着埃迪卡拉生物群的消失，地球将迎来一次前所未有的"海底大派对"——生命大爆发。

古生代

寒武纪

　　距今约 5.4 亿年前，地球在度过了一场极寒的冰期后，气温逐渐回升，藻类的光合作用也使得空气中的氧气越来越充足，地球天然的保护屏障——臭氧层的形成，使得地球上的生命免于紫外线的伤害。这一系列得天独厚的条件，促使地球浅海的"王国"逐渐壮大，一批批全新的海洋"居民"横空出世，一同在这寒武纪的大舞台崭露头角，感受奇妙的世界。它们的这次"集体行动"，共同铸就了惊动世界的"寒武纪生命大爆发"。

　　这一场大爆发为重要的两个角色：氧气的"生产者"——植物，分解海洋物质的"分解者"——细菌、真菌等，增添了以植物、动物为食的"消费者"这一全新的角色。"消费者"通过这样的形式，维持着海洋内的秩序，为海洋世界增添了不一样的生命力，也正因为有这些"掠食者"，才更加促进了生物的进化。大爆发所形成的全新的生态模式，即"生产—消费—分解"的三级生态系统，一直延续到今天。

澄江生物群

　　中国有一个保存完整的寒武纪早期古生物化石群——澄江生物群。在1984年的一天，古生物学家侯先光教授在云南省澄江县帽天山的考察途中发现了许多寒武纪化石，他便开始探索其中的奥秘，竟发现了惊动世界的庞大生物群。

这里的属种多达200余个，俨然是一个"生命宝库"。因此，澄江动物群被誉为"20世纪最惊人的发现之一"。在2012年7月1日，澄江化石地被正式列入《世界遗产名录》，是中国第一个化石类世界遗产。

≪ 奇虾

奇虾

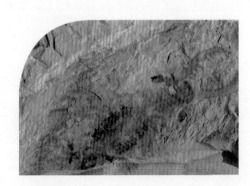

≪ 奇虾化石

　　奇虾，是寒武纪时期的"地球霸主"。你可能会有疑问：一只小虾米怎么可能称霸地球呢？如果我告诉你，它的身长最长有2米多，你就会理解它为什么是当时地球上举足轻重的掠食者了。奇虾虽被称作"虾"，但它与虾没有血缘关系。它是寒武纪最庞大的动物之一，它的排泄物大小似于一个碗。

∨ 奇虾

　　它能成为地球的主宰，不仅是因为庞大的身躯，还与其独特的身体构造有关。它有一对巨大的眼睛，两只眼睛长在两根长柄上，藏身于海藻丛中便可以悄悄地观察身边的猎物。它的身体两侧长有许多叶片，通过不断地扇动叶片，庞大的身躯可以波浪式平稳前进。它的嘴巴非常奇特，圆盘似的嘴巴由32个重叠的吸盘组成，只要猎物进入它的口中，便无法逃脱，即使是外壳极其坚硬的三叶虫在它可怕的大嘴面前也无法生还。

≪ 三叶虫

三叶虫

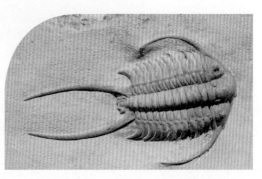

三叶虫化石 ≫

　　三叶虫是灭绝的节肢动物中最有名气的一种。它的得名源于自身特殊的身体构造。三叶虫的背面长有极其坚固的背甲，背甲横向分为头甲、胸甲、尾甲，背甲纵向又被两条竖线——背纵沟，分为三个部分，看起来很像三片纵向排列的叶子。因此它得名"三叶虫"。

三叶虫的种类繁多，体长最长可达70多厘米。它们有着极其坚硬的外壳，当遇到危险的时候，会通过蜷缩的方式，用坚硬的背甲把自己包裹起来。随着生长发育，有些种类的三叶虫还长有尖刺，在它们蜷缩的时候，尖锐的刺便会凸出，以此赶走掠食者。即使三叶虫拥有这样坚硬的"铠甲"，但也无法摆脱掠食者的威胁，它的残骸依旧出现在了许多奇虾的排泄物中。

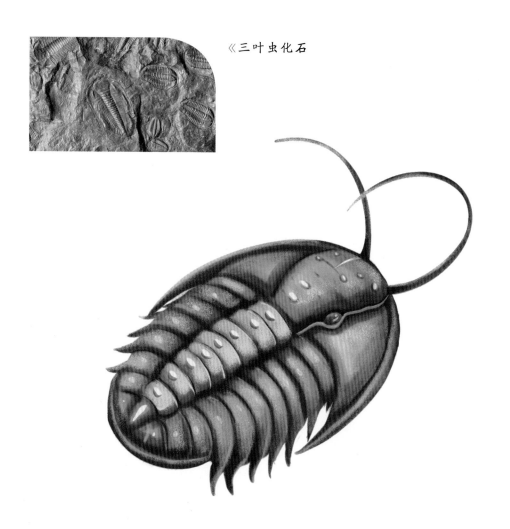

《三叶虫化石

其实在前寒武纪就有了三叶虫的身影，它们不断地适应着环境的变化，演化出上万种形态，以至于在寒武纪海洋中的每一个角落都有它们的存在。它们在地球上生存了近3亿年，在二叠纪末期从地球上彻底消失。

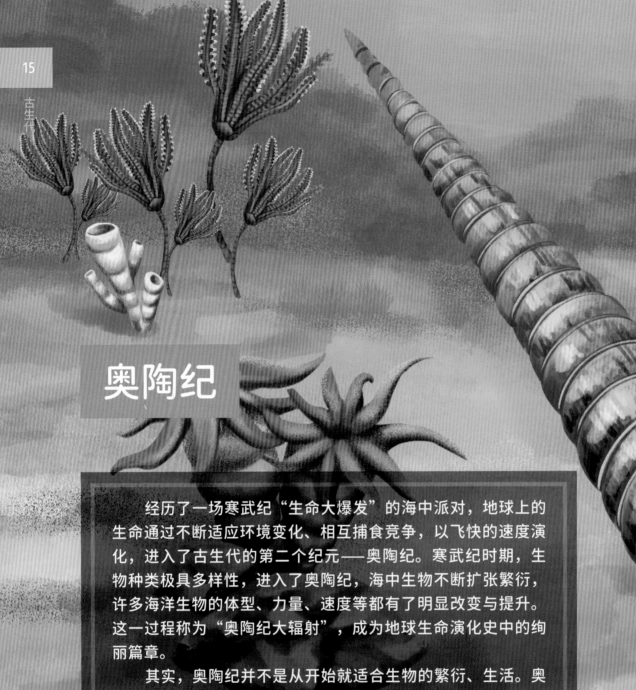

古生代

奥陶纪

　　经历了一场寒武纪"生命大爆发"的海中派对，地球上的生命通过不断适应环境变化、相互捕食竞争，以飞快的速度演化，进入了古生代的第二个纪元——奥陶纪。寒武纪时期，生物种类极具多样性，进入了奥陶纪，海中生物不断扩张繁衍，许多海洋生物的体型、力量、速度等都有了明显改变与提升。这一过程称为"奥陶纪大辐射"，成为地球生命演化史中的绚丽篇章。

　　其实，奥陶纪并不是从开始就适合生物的繁衍、生活。奥陶纪初期，地球大气中二氧化碳的含量是今天大气中二氧化碳含量的 10 倍之多。大气中如此高浓度的二氧化碳会使海水温度持续升高，冰川融化，海平面比现在高出 100 多米。这看似增加了海洋生物的生活面积，但海水温度达到 45℃时，海洋生物根本无法正常地生长发育。直到奥陶纪，地球的温度才趋于正常。这时，海洋生物争先恐后地开始生命的长跑，共同组成了生机勃勃的海洋世界。

≪ 海百合

海百合

≪ 海百合化石

　　海百合出现在早寒武纪。如果你不认识海百合，那么一定认识海星吧！海百合就是海星类物种的祖先哦！它是一种生活在海中的棘皮动物。海百合身上长着许多像植物的茎一样的柄，柄上还生有许多像叶子一样的触手——腕足，由于它长得非常像百合，因此得到了一个"海百合"的名字。

部分种类的海百合可以在海中游来游去，还有一些只能"驻扎"在海床上。它在捕食时会把小触手高高举起，等到浮游生物进入它的攻击范围，便将它们吞入口中。待海百合吃饱喝足后，它便会将腕足收起来，垂下长长的柄休息睡觉。

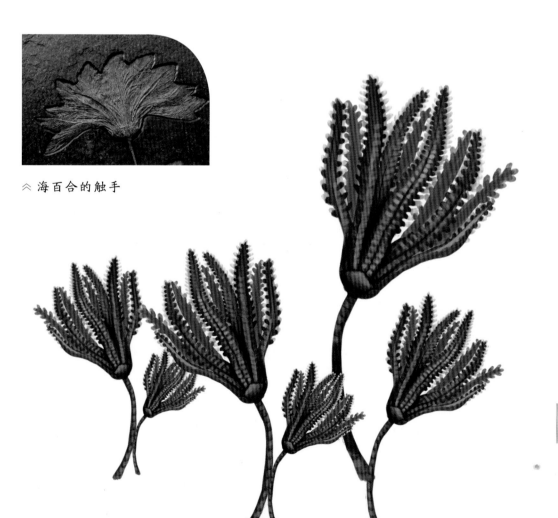

≪ 海百合的触手

≪ 房角石

房角石

　　房角石是生活在奥陶纪的一种头足纲生物。房角石的体型巨大，外壳呈细长的圆锥形，像是戴了一顶巨大的尖顶帽子，体长可达9米。它是古生代最庞大的生物之一，也是奥陶纪海洋中顶级的捕食者。

《 房角石化石

房角石化石 》

你看到它头部那些伸出的触角了吗？这些触角看似与鱿鱼、乌贼的触角一样，但房角石的触角更为锋利，可以作为武器刺穿猎物坚硬的外壳。它利用触角将猎物拖向它的喙，之后用坚硬的喙破坏猎物的甲壳，进而取食其内脏。

≪ 舌形贝

舌形贝

≫ 舌形贝化石

　　舌形贝又叫"海豆芽"，是腕足动物门、无铰纲、舌形贝目的一属。它生活在海洋中，是世界上已发现的生物中生存历史最长的腕足类海洋生物，直到现在它还没有灭绝，是当之无愧的"活化石"。

奥陶纪是腕足动物的第一个繁盛期，它们因为能适应不同的生活环境，因此进化出多种形态功能。其中，舌形贝是相对活跃的一类，它有着由壳多糖组成的外壳，还有又粗又大又长的肉茎，可以在海底潜穴，在穴中居住。

《现生舌形贝

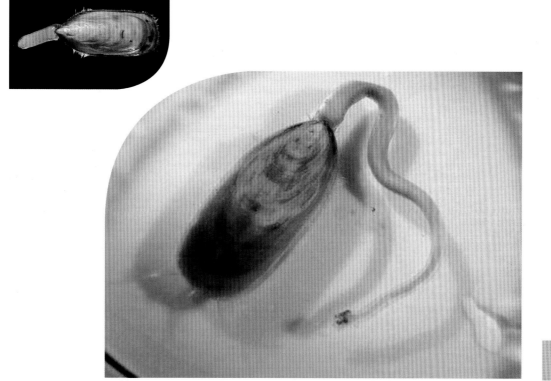

志留纪

　　在一场奥陶纪大灭绝过后，经历灭顶之灾的海洋生物在志留纪逐渐复苏，全新的生命又开始不断演化，出现了有颌骨的鱼和陆生植物。

　　在志留纪，地球内部的活动仿佛要比生物活动更加活跃。地球在悄悄地改变着地貌，地壳板块的活动使得各个大陆不断靠近、相连，碰撞挤压运动使地壳隆起，由此形成许多山脉，地球上陆地面积也越来越大。

　　植物在这个时候成为地球上第一个登上陆地，并开始适应陆地生活的生物。裸蕨类作为适应陆地生活的代表，演化出三大特征。陆地上并没有使它们漂浮在水上的海水，裸蕨类植物为了能够"站"在陆地上，演化出了维管结构，并且通过这一结构输送生命所需的水分和营养。它们演化出的气孔和角质层，可以使其避免被太阳灼伤，控制呼吸作用，将光合作用有条不紊地进行。在水中生活的日子，它们的生长、繁殖都离不开水，而现在的裸蕨类植物，演化出了孢子囊，这使得它们彻底摆脱水的束缚，在空气中就可以四处传播种子。这一系列的演变进化使它们出现在地球上的各个大陆，虽然它们还是会生长在湿润的地方，但这是海洋生物登陆的第一步，也是一大步！

≪ 笔石动物

笔石动物

≪ 笔石动物化石

当你观察志留纪海洋沉积岩，特别是黑色的页岩时，经常会发现类似铅笔划过的痕迹，这种"笔迹"源于一种已灭绝的群体海生动物——笔石。笔石最早出现在中寒武纪，繁盛于奥陶纪和志留纪，灭绝于早石炭纪。

　　起初笔石动物固着在海底，在奥陶纪绝大多数笔石开始了漂浮生活，像水母一样在水中活动。它们依靠笔石虫体的触手摆动，滤食海水中悬浮的有机物。笔石动物分泌的蛋白质外壳便是这岩层中化石上的"笔迹"，因此地质学家会用这些"笔迹"来判断岩层的年代。

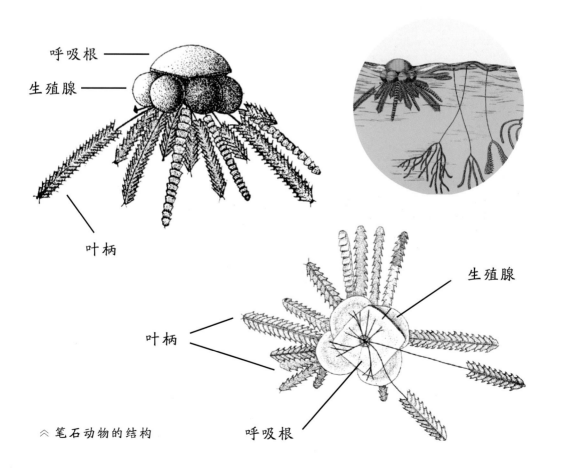

呼吸根

生殖腺

叶柄

生殖腺

叶柄

呼吸根

≪ 笔石动物的结构

≪ 胴甲鱼

胴甲鱼

嘴巴是我们天生就有的一个部位，但是在生命的最开始，由于动物都没有颌骨，所以并不具备一个真正的嘴巴。它们无法咬住猎物来进行捕食活动，仅能通过吸食的方式捕食猎物，这大大影响了它们的捕食效率。

在志留纪中，有颌鱼类逐渐出现，盾皮鱼类的初始全颌鱼便是最早进化出颌骨的动物，胴甲鱼是有颌盾皮鱼类的代表。盾皮鱼最开始的颌骨位于口腔内部，并且是由软骨构成的，因此并不坚硬，咬合力也不是很强。

胴甲鱼化石 》

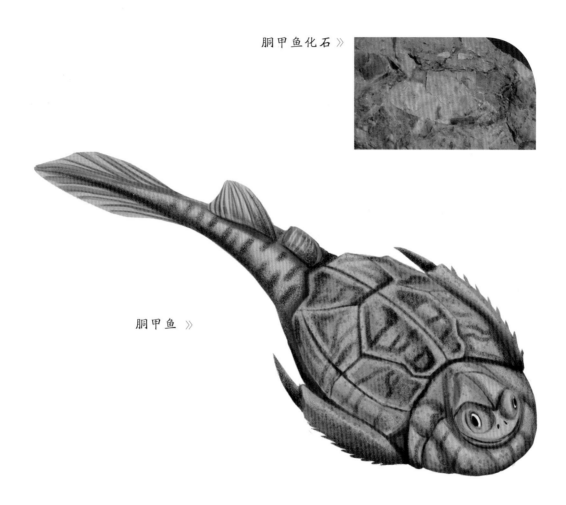

胴甲鱼 》

《 胴甲鱼化石

颌骨的演化极大地提高了胴甲鱼的攻击力，它们可以主动攻击猎物，强劲的咬合力可以使它们更快地将猎物撕碎并吞入腹中。

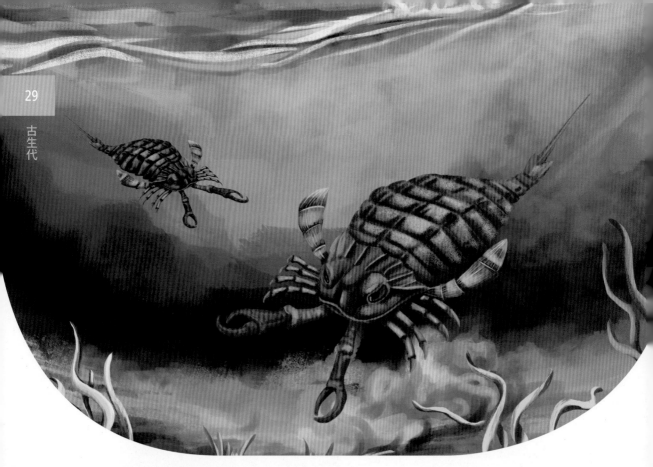

≪ 板足鲎

板足鲎

≫ 板足鲎化石

　　在志留纪早期和泥盆纪晚期，海洋中又出现了一位新的霸主——板足鲎，也被称作"海蝎"。板足鲎登上霸主之位可是付出了许多的努力。我们都知道，之前的海洋被奇虾这一物种所统治，板足鲎与其他海洋生物一样，进化出用来保护自己的坚硬甲盾。板足鲎不仅拥有了铠甲护身，还比其他生物做了更多的努力——附肢特化。

板足鲎 》

在板足鲎身体两侧像六对手臂一样的结构便是附肢，第一对附肢演化为可以用来攻击和对抗的大钳子——螯肢；最后一对附肢呈板状，用于游泳；其他的附肢则用于运动。经过这一系列的进化，板足鲎在海底所向无敌，甚至可以与当时的海洋霸主——奇虾叫板。由于奇虾的"装备"并没有板足鲎那么完善，渐渐地，板足鲎成为新一任海洋霸主。但好景不长，奥陶纪时，出现了许多"怪物"：巨型角石。它们的出现又一次让板足鲎感到"头疼"。但接下来的奥陶纪大灭绝事件又让板足鲎成为最后赢家。

俗话说："三十年河东，三十年河西。"在板足鲎统治海洋四千万年后的志留纪末期，有颌鱼类的出现使板足鲎被大量捕食。有些板足鲎为了生存，在奥陶纪时期登上了陆地，演化成为今天的蛛形纲，它们以一个全新的身份开启了崭新的生活。

扫码立领
音频｜电子书｜卡片｜笔记

泥盆纪

　　相对"平淡"的志留纪过后，地球进入了古生代的第四个纪元——泥盆纪。在这之前，地球上的生物基本上聚集在了海洋这个"大舞台"，而从泥盆纪开始，地球上的氧气不断增加，逐渐接近今天大气中的氧含量水平，许多海洋居民向陆地进军，陆地逐渐被植物、昆虫、两栖动物所占据。

　　这样看来，似乎陆地是泥盆纪的"主战场"。其实在泥盆纪，海洋中的生物多样性远超陆地。鱼类在泥盆纪有了巨大的演化、发展，成为泥盆纪最耀眼的"进步之星"。

　　生物们想要生存，就必须接受一次又一次的挑战。第二次生命大灭绝事件——泥盆纪大灭绝，突然降临在毫无防备的地球生物身上。这是地球史上持续时间最长的一场灾难，地球上75%的生物成为牺牲品，永远地离开了这个世界，即便是称霸海洋的盾皮鱼类也无法幸免。这一场灾害的元凶是谁呢？科学家们给出了许多种猜测，如小行星撞击地球、海洋与大气中含有有毒成分、西伯利亚海底火山爆发、极度高温、海藻在水面上疯狂生长导致海底生物缺氧等等。在这次事件中，海洋生物遭到了毁灭性的打击，残存下来的生物努力进化出有力的四肢，走向陆地，为地球开辟了"两栖动物时代"。谁都不知道灾难什么时候会来临，它们能做的只有不断向前。

邓氏鱼

∧ 邓氏鱼

《邓氏鱼化石

　　邓氏鱼是盾皮鱼中的一种，它是恐鱼家族的代表，身长可达8~10米，是已知盾皮鱼中最大的一种。邓氏鱼由于颌骨的进化，使它原本巨大的嘴巴拥有了惊人的咬合力。它的咬合力在已知史前鱼类中排名第二，只需一口便可将中型鲨鱼咬断，将有坚硬的外壳保护的鱼类或无脊椎动物咬碎。

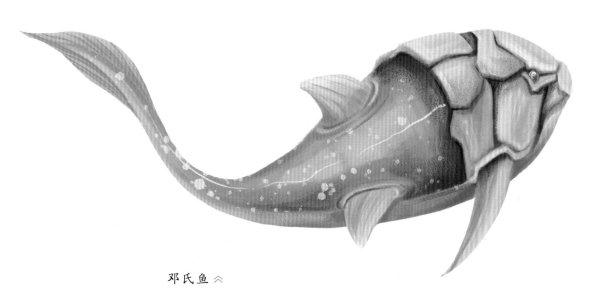

邓氏鱼 ≪

　　邓氏鱼凭借这一优势，成为泥盆纪海洋中的"王者"。海洋中的大部分生物，甚至邓氏鱼的同类都会成为它猎食的目标。但是面对泥盆纪晚期的大灭绝，邓氏鱼也无能为力，和整个盾皮鱼家族一同消失在地球上。

≪ 菊石

菊石

≫ 菊石化石

　　菊石的祖先在志留纪晚期已经出现，在经历大灭绝后的泥盆纪初期发展演变出菊石这一类动物。菊石的身影出现在海洋中的各个角落。你看它们从美丽外壳中伸出的触手，是不是很面熟？其实，菊石是现代的乌贼、章鱼类的祖先。因为它们分布广，生长繁殖速度快，因此被现代地质学家广泛地用于鉴别、划分地层。

∧ 菊石

菊石经历了两次生物大灭绝时期，直到白垩纪末期才逐渐走向灭绝。菊石的近亲鹦鹉螺在奥陶纪出现，直到今天依旧存在，它们被称作地球上的"活化石"。世界上第一艘核潜艇的发明灵感就源于鹦鹉螺，因此这艘核潜艇也被命名为"鹦鹉螺号"。菊石与鹦鹉螺都有着特殊的壳体构造，它们的壳内有许多空间——气室，气室中可以贮存海水，它们通过调节气室中海水的多少自由地在海洋中漂浮、下沉。

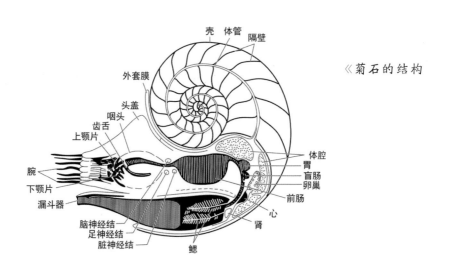

《菊石的结构

鱼类时代

在晚寒武纪时，出现了最古老的鱼类——无颌鱼类。经过一系列的进化演变，在被称为"鱼类时代"的泥盆纪，鱼类主要分为四个分支：盾皮鱼类、棘鱼类、软骨鱼类、硬骨鱼类。

盾皮鱼类

盾皮鱼类是一种原始的有颌鱼类，它的身体被极其坚硬的"盔甲"所包裹，是古生代鱼类中族群最庞大的一类，其中最著名的就是邓氏鱼，成为当时海洋的霸主，但在泥盆纪的大灭绝中彻底消失。

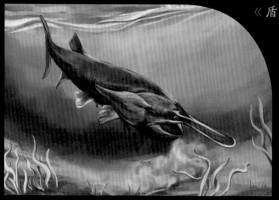

《盾皮鱼

≫ 棘鱼

棘鱼类

棘鱼出现在早志留纪，繁盛于泥盆纪，在晚二叠纪的大灭绝中彻底消失。棘鱼之所以叫这个名字，是因为它除了尾鳍外，每一个鱼鳍都被坚硬的棘刺包裹着。这样的身体结构可在危险重重的海洋中更好地保护自己。

软骨鱼类

　　软骨鱼类，顾名思义它们的骨架完全由软骨构成，是地球上最早拥有牙齿的生物，坚硬的牙齿使它们具备了极强的攻击力。现在的鲨鱼、鳐鱼就是软骨鱼大家族中的成员。

古生代

38

《辐鳍鱼

在有颌类的演化历史中，最为成功的一种便是硬骨鱼类。硬骨鱼的骨头很坚硬，大多数种类的硬骨鱼体表还包裹着鳞片。硬骨鱼逐渐演化出两个分支：辐鳍鱼类和肉鳍鱼类。

● 辐鳍鱼类

辐鳍鱼类的鱼鳍上有由骨质构成的辐状骨，这些辐状骨十分坚硬，可以起到支撑和强化作用。现在地球上90%的鱼都属于辐鳍鱼类，但是随着它们的不断发展进化，现生的辐鳍鱼类的鱼鳍已经逐渐变软，成为现在灵活的样子。

● 肉鳍鱼类

肉鳍鱼类对于我们地球上的所有脊椎动物的演化而言，都是一个"史诗级"的存在，肉鳍鱼类中，绝大多数成员已灭绝，如今现生的肉鳍鱼类只剩下了肺鱼和棘鱼。肉鳍鱼类的鱼鳍中具有中轴骨，这一身体结构可以使它们爬到陆地，逐渐演化为后来出现的四足类脊椎动物。

古生代

40

石炭纪

　　石炭纪的地球，除了蓝色的海洋，就是绿色的大地。全球的陆地都被绿色的植物所覆盖，氧气也极为充足，相比我们今天大气中 21% 的含氧量，石炭纪的大气含氧量高达 35%。生活在氧气充足的环境中，泥盆纪登上陆地的节肢动物，如昆虫、蜘蛛等动物获得了极佳的生存条件。它们个个体型硕大，区区一条马陆的体长就可达 2.6 米！石炭纪因此成为陆地上节肢动物体型最大的一个纪元，被称作"巨虫时代"。

　　植物不仅成就了节肢动物，而且自身也有飞跃式的发展。在植物登陆后的几千万年时间，森林就已经遍布陆地上的各个角落。你想象中石炭纪的森林是不是就和现在的森林一样呢？那你可就想错了！那时的森林，密密麻麻分布着各种奇形怪状的植物，有些植物的高度竟有 30~50 米。加之各种巨型昆虫穿梭其中，使得泥炭纪的大地上绚丽多彩！

　　石炭纪的大陆上，不仅有昆虫和两栖动物，而且爬行动物也悄无声息地穿行在林宇之间。这些爬行动物不再像两栖动物那样，无论是卵孵化的过程还是幼体的生长发育，都可以摆脱水的束缚。它们的卵被一层坚硬的外壳包裹，并且卵内还有一层"保护膜"——羊膜。这两个特点使得爬行动物彻底离开了水，能够自由地在陆地上生长、繁殖。

　　你知道石炭纪为什么叫这个名字吗？其实，它的名字源于现代极其珍贵的资源——煤炭。因为石炭纪的森林覆盖率极高，所以我们现在地球上一半的煤炭资源都是在这一时期形成的。

古代

∧ 林蜥

林蜥

∧ 林蜥化石

　　这个长得和蜥蜴十分相似的动物便是地球上最早出现的爬行动物——林蜥，是脊索动物门、爬行纲、杯龙目的一种爬行动物。林蜥生活在石炭纪时期，体长约20厘米，上下颌比较长，细长的尾巴用来保持平衡。

林蜥的外形与现代蜥蜴十分相似，且尾巴还具有与现代蜥蜴类似的功能。它是目前人类已知的第一个可以把卵产在陆地的脊椎动物，也是爬行动物中最原始的一种无孔类动物。它的听力不佳，但行动迅速且敏捷，脚上已没有了用来游泳的脚蹼，彻底摆脱了水的束缚，成为第一波登上陆地的主力军。它的出现使地球开启了"爬行动物"的时代。

林蜥 ⌄

≪ 引螈

引螈

≪引螈化石

引螈是一种大型肉食两栖动物，体长最长可达2米。引螈的身体被鳞片包裹着，外形看起来就像一只吃胖了的鳄鱼。它的生活习性或许与现代的鳄鱼相似，喜欢生活在湖泊、河流等地。

别看它"胖"，它可是一个"全能型选手"。它不仅可以在水中捕食，还可以上岸活动。它的体重主要集中在身体前部，因此在走路的时候只能迈出很小的步子，更不用说掌握奔跑这种"进阶"技能了。

引螈化石 》

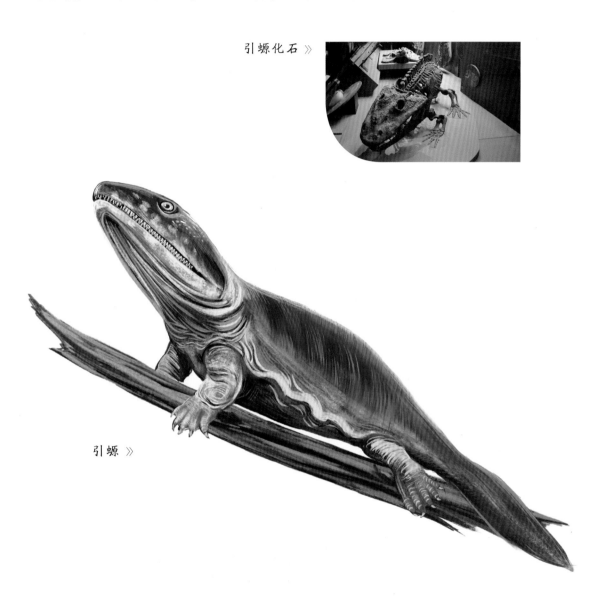

引螈 》

引螈的嘴巴里长有尖锐的牙齿，它会利用牙齿咬住猎物。因为引螈不能咀嚼食物，所以会将捕食到的猎物整吞下去。引螈是石炭纪和二叠纪陆地上最大的动物之一。即使是这样的庞然大物，其生活也无法离开海洋，只能在海洋中繁衍生息。

全面登陆

泥盆纪炎热干旱的环境使许多湖泊、河流的水渐渐干涸，海平面也在这样的环境中逐渐下降，加之有颌鱼类的出现，使得生存空间变小的海洋生物置身于危机四伏的环境之中。为了生存，它们不断适应环境变化，进化出适宜陆地生活的身体结构。肉鳍鱼凭借优越的自身条件进化出四足，成为走向陆地的先锋者，为海洋生物开辟了一条全新的道路。

巨脉蜻蜓

当我们走在河边或池塘边的时候，经常会看到扑闪着透明大翅膀的昆虫——蜻蜓。蜻蜓是一种肉食性昆虫，以苍蝇、蚊子、小型蝴蝶或飞蛾等昆虫为食。它也是益虫，是农林牧业的除害帮手，被大家所喜爱。

如果今天出现了一只展开双翅可达76厘米的巨型蜻蜓，你还会喜欢它吗？它的名字叫巨脉蜻蜓，又被称为大尾蜻蜓、巨尾蜻蜓，是泥炭纪的空中霸主。巨脉蜻蜓是现在已知的地球上曾出现的最大的昆虫。

≪ 巨脉蜻蜓

　　巨脉蜻蜓具有一对复眼，配合着强有力的双翅，在地球上捕食昆虫
和一些身形较小的两栖动物。它的体型为何如此巨大？有学者认为，泥
炭纪的大气中含氧量高达35%，在这样的环境中，更有利于蜻蜓的生长
发育。因此，也有专家推测在二叠纪时它的灭绝是由大气含氧量下降造
成的。

总鳍鱼

　　总鳍鱼是硬骨鱼中的一种，已经进化出了原始肺部的结构。总鳍鱼的偶鳍肌肉发达、强劲有力。它的肉质鳍不仅可以支撑起身体，还可以帮助它在陆地上爬行。

　　总鳍鱼各种优越的自身条件为它登上陆地奠定了基础。研究者发现，总鳍鱼很有可能会进化为即将出现的两栖动物，成为爬行动物的祖先。

∨ 总鳍鱼

普氏锯齿螈

　　又一个大家伙出现了，它的体长可达9米。它就是两栖动物中的巨无霸——普氏锯齿螈。普氏锯齿螈生活在二叠纪晚期，相比陆地生活，它更喜欢生活在水里。普氏锯齿螈长得很像鳄鱼，它有短小的四肢，身体被覆着凹凸不平的"铠甲"。

∨ 普氏锯齿螈

普氏锯齿螈的尾巴非常强壮，在它捕食猎物时，尾巴就会成为它前进的动力。在它细长的口鼻部位，还长有许多锋利的牙齿，如果把它的牙齿横向切开，你会发现其牙齿的横截面上有像迷宫一样的结构，因此普氏锯齿螈和它的家族也被称为"迷齿两栖动物"。

≪ 普氏锯齿螈

≪ 封印木

封印木

　　在动物全面登陆期间，植物也在飞速生长。封印木是泥炭纪至二叠纪的一种非常特别的大树。它的高度可达30米！当然，这个高度的大树在当时的泥盆纪并不少见，它的独特之处在于树干：只有两个分叉，远远看去就像一个字母"Y"高高地立在那里。

二叠纪

　　你有没有发现，地球上各个大陆的边缘好像都可以拼在一起？没错！在二叠纪，这个古生代的最后一个纪元，地球上的海陆分布看起来非常整顿。南方的冈瓦纳大陆和欧美大陆经过"长途跋涉"终于汇集到了一起，拼凑成一个名为"泛古陆"的超级大陆。泛古陆的形成也使全球的海洋合成为一个"泛大洋"。泛古陆的面积超过1亿平方公里，在这个完整、广阔的大陆和海洋中孕育着无数的生命。

　　在二叠纪的大舞台中，裸子植物成为植物界最璀璨的明星。经过不断的进化，爬行动物中出现了各种奇形怪状的种类，它们争先恐后地想要崭露头角，拼命地想在这地球上长久地生存下去。

　　可是，一场空前绝后的地球大灭绝让这些努力生存的生物彻底"绝望"。这一次，生物们所面临的，是迄今为止最可怕且彻底的一场毁灭，地球上95%的海生生物和75%的陆生生物被无情"屠杀"。陨石坠落使地球千疮百孔；持续喷发好几万年的火山带来了可怕的有毒气体，像一股股的剧毒热浪，侵占着地球上的大气；火山岩浆覆盖了地球上一半的陆地，茂盛的森林被大火吞噬，数不尽的生物因饥饿而死亡。在20万年后，火山终于停止怒吼，渐渐冷静下来，岩浆凝固形成的玄武岩，像一张巨型棉被，以600米的厚度覆盖在废墟一般的地球上。地球以这样的惨状走进了中生代。

古生代

≪ 苏铁

苏铁

≪ 苏铁化石

　　苏铁出现在古生代，如今我们在生活中还可以见到它，迄今为止，它已有2.8亿年的历史，是地球上现存最古老的种子植物。这种植物的木质密度极大，如果把它们放入水中，不会像其他树木那样漂浮在水面上，而是会直接沉入水中。不仅如此，它的生长必须要吸收大量的铁元素。

　　因此，这个沉重如铁、生长需铁的植物就被人们命名为"苏铁"。你听说过"铁树开花"吗？这其中的"铁树"就是苏铁。它的生长极为缓慢，只有15~20年树龄的铁树才可以开花，因此我们很难见到铁树开花的场景。"铁树开花"也是一个成语，它被用来比喻事情非常罕见或极难实现。

苏铁 》

≪ 异齿龙

异齿龙

异齿龙巨大的颌骨之间有不同形态的牙齿，不仅有用来切割的牙齿，还有非常锐利的犬齿。具有类似异齿龙这样特征的动物都被称作异齿动物。虽然异齿龙的名字中含有"龙"字，但它不是恐龙，属于脊索动物门、合弓纲的一种肉食性动物。

合弓类动物是地球上第一群进化出不同形态牙齿的四足动物。它们凭借锐利的牙齿，将食物切成小块，这更有助于消化。异齿龙身上最独特的就是它背部的一个又高又大的背帆，背帆表面由脊髓神经支撑，每一条都与脊椎连接。

《异齿龙骨架

≫异齿龙

≪ 狼蜥兽

狼蜥兽

≪ 狼蜥兽骨架

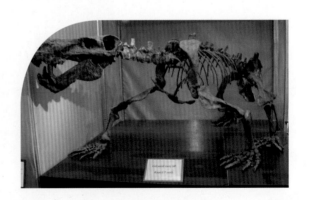

　　狼蜥兽被称为二叠纪最凶残的猛兽。它是合弓纲、兽孔目的一种动物。狼蜥兽的体长可达3.5米，仅头部可达60厘米。狼蜥兽的独特之处不仅仅是庞大的身躯，而且牙齿也很发达。它长着一对可以使它在二叠纪的陆地上耀武扬威的长达15厘米的巨型犬齿。

除了这对巨型的犬齿，它的上颌部长有6颗大门齿和10颗相对较小的后齿；下颌部还长有6颗大门齿和8颗较小的门齿。抛开它巨大的体形而言，光看牙齿，我们就能够感受到它的可怕。在二叠纪的大灭绝事件中，它也没能逃脱悲惨的命运。

狼蜥兽 ≫

≪ 冠鳄兽

冠鳄兽

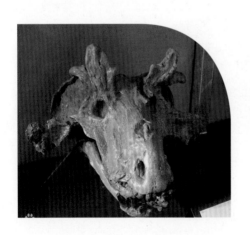

≪ 冠鳄兽头骨

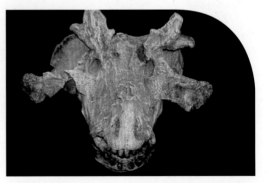

　　冠鳄兽是脊索动物门、合弓纲的一种动物。它是早期杂食性兽孔目动物，也是当时地球上最大型的陆生动物之一。冠鳄兽的外表看起来十分笨拙，体型似于一头成年的公牛，四肢向内侧延伸，走起路来左右摇摆。

冠鳄兽的头颅又高又大，头顶还长着十分显眼且奇特的角状结构，这个角状结构由四个犄角状的凸起物组成，其中两个从面部两侧伸出，另外两个从头顶伸出，这或许是它们用来分辨同类的一个关键点。目前我们已知的两种冠鳄兽分别为：乌拉冠鳄兽、奇异冠鳄兽。它们的体型大小、头颅的形状以及角状结构的形状都有差别。

≫ 冠鳄兽

中生代

　　随着二叠纪大灭绝事件的结束，地球上的生物被重新洗牌，地球带着幸存的"居民们"进入了新的时期——中生代。中生代发展最为繁盛的生物就是爬行动物，所以中生代又被称为"爬行时代"，其中最主要的爬行动物是恐龙，因此这一时代就是我们最熟悉的"恐龙时代"。

　　中生代包括三叠纪、侏罗纪和白垩纪。在中生代开始时，地球上各大陆连在一起，形成了"盘古大陆"。随着时间的推移，盘古大陆又逐渐分裂成南北两片，北部大陆进一步分为北美和欧亚大陆，南部大陆分裂为南美、非洲、印度与马达加斯加、澳洲和南极洲。虽然澳洲和南极洲并没有完全割裂开来，但已经在分裂的过程中。在地球的陆地上，原始的哺乳动物和鸟类已经现身，而被子植物也在这个时代蠢蠢欲动。而繁盛的爬行动物仍旧是不被命运眷顾的"幸运儿"，它们将在白垩纪末期的大灭绝中走向衰落。

▼ 中生代生物群

三叠纪

　　在中生代的第一个纪元三叠纪中，恐龙并不是主角，它们与灭绝事件后许多新生的动植物一样，都是地球生态灾后重建的"救援队"之一。

　　三叠纪时期，地球在逐渐恢复往日的生机。北部的西伯利亚大陆与泛大陆在这一时期相连在一起。地球上的大陆共同拼凑成了一个完整、广阔的"C"形泛大陆——盘古大陆。在这个时候，地球上许多陆地变成了昼夜温差很大且非常干旱的内陆地区。地球的气候稳定，在这样的环境条件下，许多扛过大灭绝的植物依旧很常见，裸子植物"趁热打铁"达到了它发展的顶峰，被子植物也在此时悄悄登场，蓄势待发。

中生代

66

≪ 腔骨龙

腔骨龙

≪ 腔骨龙化石

腔骨龙生活在三叠纪晚期，是迄今已知的最早的恐龙之一。腔骨龙又被称为虚形龙，是蜥臀目、腔骨龙科的一种兽脚类恐龙。

腔骨龙的体长为2.5~3米。它双足行走的技能使其行动非常敏捷，加之骨头中空，所以大大减轻了自身的重量，奔跑速度也随之提高。腔骨龙集群生活，捕食猎物时会集体进攻，因此它们不仅以蜥蜴等小型动物为食，还经常对一些大型植食动物发起进攻。

腔骨龙 》

≪ 楯齿龙

楯齿龙

三叠纪有个大肚子明星——楯齿龙，是地球上出现的第一批海洋爬行动物，也是在三叠纪时期重返海洋的动物之一。楯齿龙的体长可达2~3米，看起来像一只吃胖了的鳄鱼。其实，它并没有大量的脂肪，肚子大是因为它具有向外扩展且加宽的肋骨。

楯齿龙化石

你见过长脖子的蛇颈龙吗？没想到吧，楯齿龙和蛇颈龙可是远亲哦！你看楯齿龙那密密麻麻且十分紧凑的尖牙，正是其用来捕食的利器。它会用尖牙咬碎贝类，再坚固的贝类在它的口中都无一生还。

楯齿龙

≫ 长颈龙

长颈龙

≫ 长颈龙化石

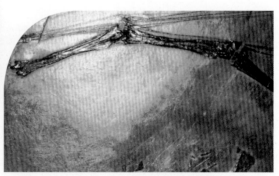

　　长颈龙生活在三叠纪中期，是一种爬行动物。长颈龙的体长约6米，最长可达12米。它的体长有四分之三的长度是脖子和尾巴贡献的。长颈龙最长的当属它的脖子，即使把身体和尾巴的长度加在一起也没有脖子长。

长颈龙以鱼和菊石为主要的食物来源，别看它的图片大多都是在水里的画面，其实它偶尔也会爬到岸上来捕食一些昆虫和小爬虫。长颈龙的长脖子可以使其神不知鬼不觉地悄悄靠近目标，即使它在很远的地方也可以咬到猎物。

　　长颈龙的尾巴也非常长，拥有现代地球上部分蜥蜴的本领——断尾，当它们被敌人咬住尾巴时，可以通过断尾的方式逃之夭夭。

⩒　长颈龙

肯氏兽动物群

　　中国肯氏兽动物群距今约2.3亿年，是一个以兽孔类和原始初龙类为主体的四足类动物群，主要分布在山西省、陕西省、内蒙古自治区的二马营组及新疆的克拉玛依组。

≪ 肯氏兽

肯氏兽

肯氏兽是脊索动物门、合弓纲、兽孔目的一种古爬行动物。它生活在三叠纪，以陆地上的植物为食，是一种大型的二齿兽类。它长得比较"丑"，头很大，喙状的嘴上还长了一对长长的獠牙。

《肯氏兽化石

其实，早期的二齿兽类是没有长牙的，随着不断地进化，它们的牙齿也逐渐变长，牙齿的长度与物种出现时间的早晚有很大关系。肯氏兽看似十分可怕，但它那对长长的獠牙并不是用来攻击的，它是一种性情温和的食草动物。

《 肯氏兽

虽然它的身体不是很重，但在陆地上走起路来非常缓慢，甚至还不如鳄鱼爬得快，并且它在"刹车"、变速时也显得非常笨拙。肯氏兽没有什么运动天赋，所以它们经常集体行动，用这样的方式来保护自己。

≪ 犬颌兽

犬颌兽

犬颌兽头骨化石 ≫

　　犬颌兽是接近哺乳动物的一种爬行动物，因长相似于狗而得名。别看它身长只有一米，却是凶残的食肉类掠食者。

它凭借着小巧的身躯，获得了灵活、迅猛的行动速度；锋利的犬牙搭配发达的咬合肌，使之成为三叠纪非常有名气的猛兽之一。但是，随着恐龙家族的日益强盛，犬颌兽逐渐走下坡路，最终只能以腐肉为食。

≪ 犬颌兽

关岭生物群

　　关岭生物群位于贵州西南部的关岭县新铺乡，形成于距今约2.2亿年的晚三叠纪时期。关岭生物群出土的海生爬行动物和海百合的数量非常多，被誉为"全球三叠纪独一无二的化石宝库"，代表生物有鱼龙、

肿肋龙类、鳞甲龙等。关岭生物群的"隔壁"便是世界第三大瀑布——黄果树瀑布。

≪ 鱼龙

鱼龙

≪ 鱼龙化石

　　鱼龙是三叠纪时期重返海洋的爬行动物之一。它的出现比恐龙还要早，也灭绝在恐龙之前，最终被蛇颈龙取代。鱼龙长得既像鱼类又像海豚，有些种类的鱼龙体型很大，有些则比较小，最大的体长超过23米。

鱼龙的嘴巴突出，巨大的嘴巴里还长有许多尖锐的牙齿。它的眼睛被一个特殊的结构——巩膜环所保护，因此视力极佳。不仅如此，它的听力也非常敏锐。

∨ 鱼龙

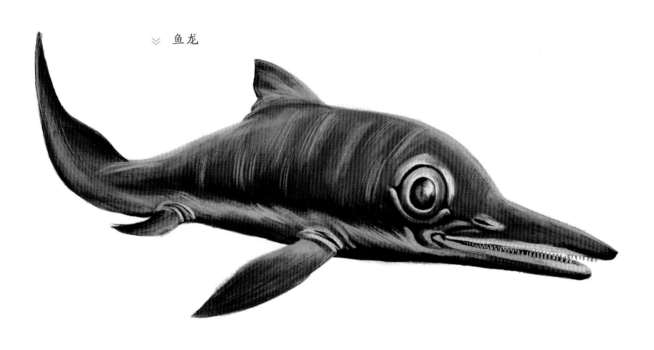

强大的鱼龙在当时的海洋中独占鳌头。这样霸气的鱼龙游起来更像是企鹅游泳的样子，也是有一点"可爱"呢！

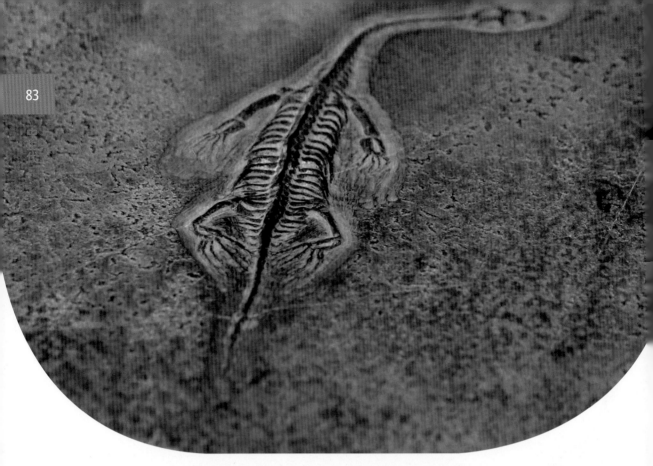

≪ 贵州龙化石

贵州龙

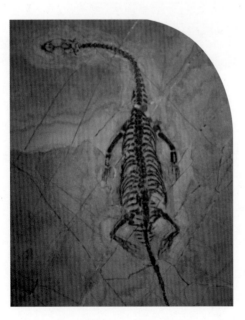

≪ 贵州龙化石

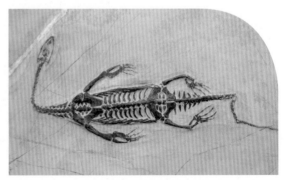

　　贵州龙是最古老的爬行动物之一。它生活在中生代的三叠纪中期，20世纪50年代时被发现于我国贵州省，因此研究者将它命名为"贵州龙"。

　　贵州龙以鱼类以及小型水生动物为食，长相似于后来出现的蛇颈龙，都有着长长的脖子及小小的脑袋。但它们的体型却相差甚远，贵州龙体长只有10~30厘米，而蛇颈龙中的个别种类体长可达18米左右。贵州龙大多生活在水中，脚掌宽大、尾巴细长的特征让它成为优秀的"游泳健将"。它也凭借着具有趾爪的四肢在陆地上匍匐前进。

《 贵州龙化石

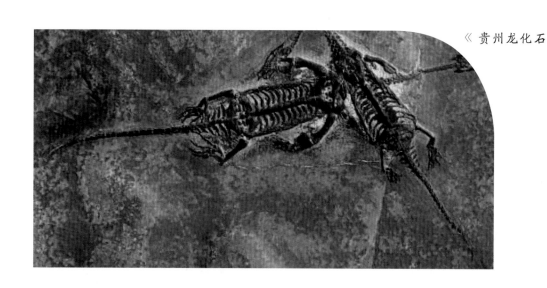

中生代

中生代

侏罗纪

　　为什么当时的地球上会出现这样的庞然大物呢？有这样一种说法：在侏罗纪时期大气的含氧量高达 26%。虽然不如石炭纪时期 35% 的含氧量，但对于这些巨龙的生长绰绰有余。在那时的大气中，占比最多的其实是二氧化碳。侏罗纪时期二氧化碳的含量是我们今天的 4 倍以上！如此高含量的二氧化碳使地球上的温度变得非常高，即使是南北极点，温度都在 0℃以上。丰富的森林植被加上温暖的大气环境，恐龙如果不在这个时候出现，更待何时？同时，会飞的翼龙以及"新角色"——鸟类，也在这一时期出现并逐渐发展起来。

　　陆地上一片生机盎然，海洋生物的生活却危机四伏。侏罗纪是菊石发展的鼎盛时期，广泛又密集地分布在海洋中的各个角落。与此同时，许多走向陆地的爬行动物又重返海洋世界，巨大的身躯使它们在水中横行霸道，成为侏罗纪的海洋霸主。

　　你还记得三叠纪汇合在一起的泛大陆吗？在侏罗纪，它们又一次分道扬镳，大陆的东部便是第一个开始分裂的地方。随着地球温度的升高，海平面也不断上升，海水流入陆地，入侵地球板块之间的裂缝，使地球板块的分裂情况显得更加清晰。

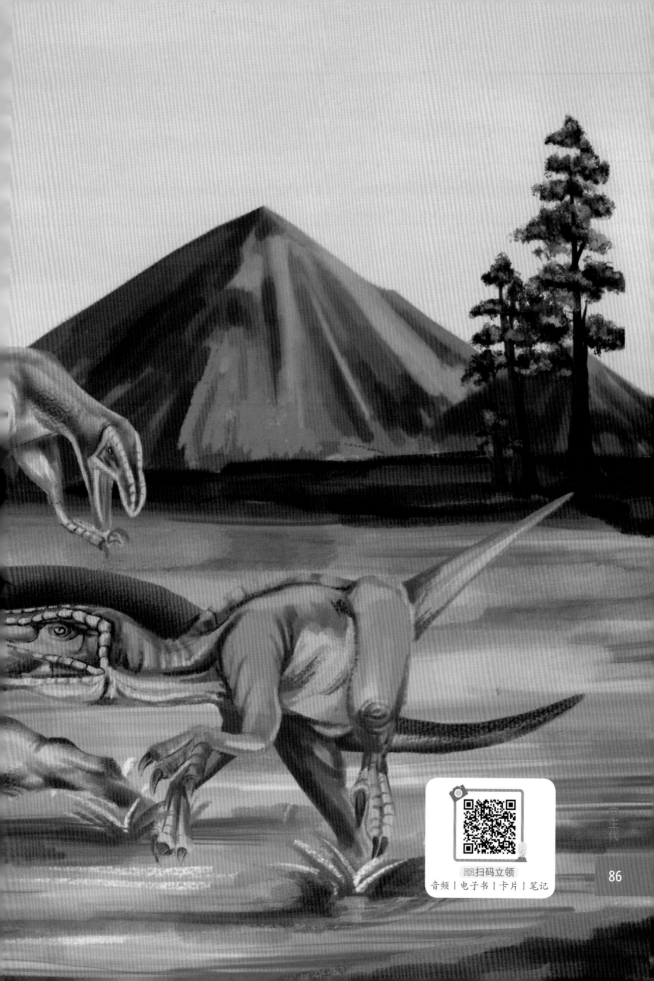

86

燕辽生物群

　　燕辽生物群，又称 "道虎沟生物群"，主要分布在我国辽宁省西部、内蒙古自治区东南部、河北省北部等地，是中生代古生物化石的重要产地。在燕辽

生物群中，研究者发现了许多昆虫、植物及双壳类动物等化石，还发现了大量带羽毛的恐龙。这对原始鸟类起源的研究有着非常重要的意义。

≪ 远古翔兽

远古翔兽

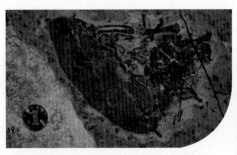

≪ 远古翔兽化石

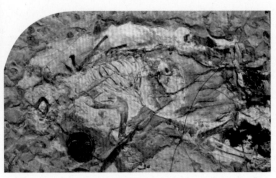

　　远古翔兽，多么霸气的名字，但它的体长只有10～12厘米，外形似于松鼠。远古翔兽是迄今已知的最早的会飞的哺乳动物。称之为"翔兽"，其实它并不具备飞行能力。

你见过现在非常"火"的小宠——蜜袋鼯吗？没错，远古翔兽滑翔时的姿态和蜜袋鼯的样子十分相似。当它从高处跳下时，就会伸展四肢，身上带有毛发的皮膜便会被抻开，在这时它就可以通过滑翔在树林间穿梭。

远古翔兽 》

蜜袋鼯 《

蜜袋鼯 《

≪ 胡氏耀龙

胡氏耀龙

≪ 胡氏耀龙化石

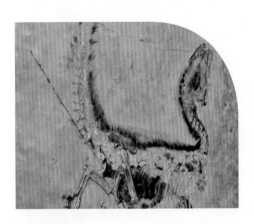

　　胡氏耀龙是生活在侏罗纪时期的一种恐龙，也是和鸟类关系最接近的恐龙之一。胡氏耀龙的体型很小，体长只有25厘米。始祖鸟具有20多节尾椎，而胡氏耀龙的尾椎极度退化，仅有16节。

胡氏耀龙身后长长的尾羽使之有很高的辨识度，身上还"穿着"一件由丝状羽毛构成的"大衣"，可以起到很好的保温作用。胡氏耀龙的漂亮羽毛是炫耀自己和求偶的资本，它们是世界上最早用羽毛来炫耀自己的一个物种。胡氏耀龙已经进化出类似原始鸟类的前肢，但没有可供飞行的羽毛，因此并不具备飞行能力。

≫ 胡氏耀龙

热河生物群

　　热河生物群形成于中生代晚期，是一个非常古老的生物群，主要分布在我国辽西义县、北票、凌源等地。热河生物群中，基本涵盖了由中生代向新生代过渡的所有生物种类。其中，许多带羽毛的恐龙、原始鸟

类及早期真兽类哺乳动物的发现，都是研究鸟类和真兽起源最为科学且有
力的依据。热河生物群被誉为"20世纪全球最重要的古生物发现之一"。

∧ 中华龙鸟

中华龙鸟

∧ 中华龙鸟化石

　　中华龙鸟于1996年在热河生物群被发现。起初，研究者认为它是一种原始鸟类，因此被命名为"中华龙鸟"。经过研究发现，中华龙鸟的骨骼特征更像恐龙，尖锐的牙齿也暴露了它的食性。

研究者还在中华龙鸟化石的腹腔中发现了一块蜥蜴的化石。因此，中华龙鸟最终被证实为一种小型的食肉恐龙。它被覆许多的绒毛，很可能是未来羽毛的雏形，但并不具备飞行能力。中华龙鸟拥有一条橙白相间的尾巴，且尾巴的长度是躯干的两倍半。

≫ 中华龙鸟化石

≫ 中华龙鸟

中生代

96

≪ 狼鳍鱼

狼鳍鱼

≫ 狼鳍鱼化石

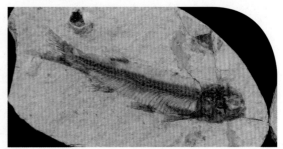

　　狼鳍鱼是生活在中生代后期的一种原始鱼类，属于硬骨鱼类，是我国分布最广的鱼类之一。当你看到这个名字，会觉得它是一种极其凶残的大型动物。其实，狼鳍鱼的体长约10厘米，在侏罗纪时期，它的体型属于非常小的一类。

　　大多数种类的狼鳍鱼牙齿较小，可能以浮游生物为食，也能捕食一些小昆虫。狼鳍鱼是热河生物群的主要成员之一，它的化石总是成群地被发现，因此研究者认为其具有集群活动的习性。

⌄狼鳍鱼化石

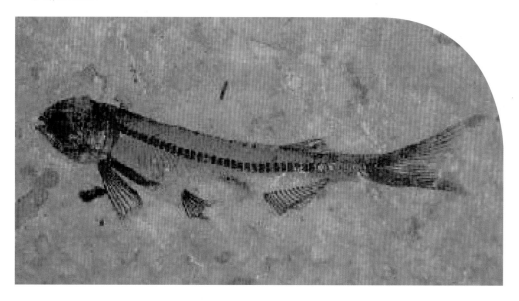

⌄ 热河翼龙

热河翼龙

⌄ 热河翼龙化石

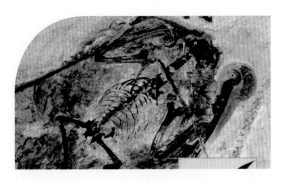

　　宁城热河翼龙的外形似于蝙蝠，翼展可达1米。它被发现于我国内蒙古自治区宁城县道虎沟化石层之中，研究者将其归入一类非常特殊的尾巴较短的啄嘴龙类——蛙嘴龙科。

热河翼龙在水边生活，脚上长有脚蹼，嘴巴又宽又短，以昆虫为主要的食物来源，有时还会捕食鱼类等其他动物。

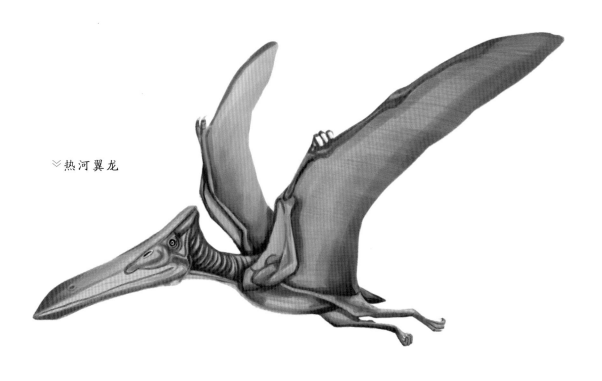

∨ 热河翼龙

∨ 热河翼龙化石

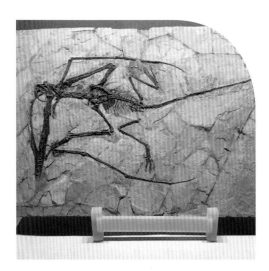

热河翼龙的翼膜与下肢相互连接，爪子上有一层用来防磨损的保护膜。最奇特的是，它的身上被一层毛状物包裹着，是中国第一种长"毛"的翼龙。研究者认为，热河翼龙身上的"毛"是自身调节体温的工具；其次在它捕食猎物的时候还可以降低飞行声音，悄无声息地靠近猎物。

中生代

100

白垩纪

　　白垩纪到来了，地球上的大陆仍在不断分裂，许多动物家族因此被分散到各个地方，这也是今天部分隔海相望的两个地方，却有着相同物种存在的原因。白垩纪时期物种种类都非常丰富，恐龙依旧是地球的主要"居民"。被子植物掀起了新的革命，影响了植物的进化。

　　白垩纪的地球经历了升温、降温两个阶段。早白垩纪的地球一改侏罗纪时期的温暖，温度不断降低，之前温度一直保持0℃以上的两极地区，在冬天也飘起了雪花。恐龙、鸟类以及一些哺乳动物适应了温度的变化，继续在地球上生活繁衍。而晚白垩纪的来临打破了地球不断降温的局面。火山喷发事件在全球各个地方上演，地球的温度又一次上升。恐龙趁势将足迹遍布全球，连两极地区都有它们的身影。这一时期恐龙的种类最多且最丰富。

　　恐龙有着极强的环境适应能力，它可以相对长久地生活在地球上，但是大灾难又一次降临并摧毁了日趋稳定的"恐龙国度"。短期的火山爆发的确将地球极低的温度调整到正常水平，但连续不断的大规模的火山爆发就是一场灾难！一些恐龙因此死去，一些恐龙幸存下来，显然，火山爆发并不能让恐龙这个物种彻底消失。但一颗直径10公里的小行星，给了恐龙们最后一击。这颗小行星不仅带来了极强的冲击波，地震、海啸、尘埃风暴等一系列灾害也随之向恐龙及地球上的其他生物发起挑战，75%的生物就此灭绝。恐龙时代就此落幕，人类将代替恐龙，成为未来的主角。

内蒙古分布的恐龙

　　全世界发现的恐龙已经超过1000多种，中国现已发现的恐龙有200多种，其中有36种在内蒙古地区。曾经内蒙古地区气候湿润、植物茂盛、水系众多，这些得天独厚的自然条件吸引着众多恐龙在此生活、繁衍。在这里，有体型庞大的蜥脚类恐龙，有凶猛残暴的兽脚类恐龙，还有以植物为食的鸟臀类恐龙。内蒙古是世界上最早发现恐龙蛋的地方，最古老且带羽毛的恐龙也首次在这里与大家见面。在这里，罕见的风沙埋藏状态的恐龙化石、丰富

的恐龙骨骼化石和恐龙足迹化石都为我们展现了白垩纪时"恐龙国度"的盛况。迄今为止，人类发现的最大的窃蛋龙——二连巨盗龙，化石保存最为完整的小型食肉恐龙——精美临河盗龙，化石完整度高达95%的禽龙类恐龙——完美巴彦淖尔龙，它们带着内蒙古自治区的地名被全国乃至世界所熟知。内蒙古因此被称为"恐龙的故乡"。

≪ 巴彦淖尔龙

完美巴彦淖尔龙

⊢1.2米⊣ 9米

　　完美巴彦淖尔龙是一种大型的禽龙类恐龙，体长约9米，体重约3吨，嘴巴前部是坚硬的角质喙。它较长前肢上第一指有与禽龙相同的骨质钉状趾，可以在受到攻击或威胁时当作武器来防身，这也成为巴彦淖尔龙的独特之处。与禽龙不同的是，完美巴彦淖尔龙的腿比较短，只能用四肢行走活动，不能像禽龙那样只用后肢就可以前进、奔跑。

2013年10月，一具完整的恐龙化石在内蒙古自治区被发现。经过长时间的挖掘和修复，这具还原度高达95%的恐龙化石出现在大家面前。2018年4月，这种植食性恐龙被古生物学家命名为巴彦淖尔龙。因其还原度极高，也被称为"完美巴彦淖尔龙"，现保存于内蒙古自然博物馆。

》大部分时间都是用四肢行走

》前肢长有五根灵活的手指，中间3根并拢起来呈蹄状爪

《 巴彦淖尔龙

智力　　攻击

体型　　　　　防御

团队协作　　速度

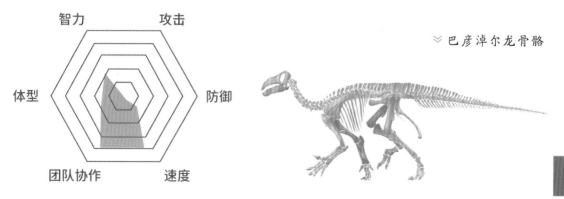

》巴彦淖尔龙骨骼

中生代

≪ 精美临河盗龙

精美临河盗龙

|— 1.2 米 —|

|— 2.5 米 —|

　　精美临河盗龙是生活在白垩纪晚期的一种小型肉食性恐龙，是驰龙类恐龙的一员。它于2008年在内蒙古自治区巴彦淖尔市临河区被发现。它的家族与鸟类的关系很近，对我们研究"鸟类的起源"有很大的帮助。

精美临河盗龙的体长约 2.5米，体重约25公斤。它的后肢非常有力，奔跑能力极强且非常敏捷，配合因眼位距离较近而获得的部分区域的立体视觉，大大提高了它的捕食能力。

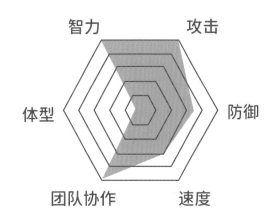

» 双眼距离近，视野重叠，看物体立体感强，利于捕猎

≪ 精美临河盗龙

在驰龙类恐龙的大家族中，它的后肢既没有原始驰龙类那样细长，又没有进步驰龙类那样相对粗壮的后肢，因此它代表着二者之间的一个过渡环节。

≪ 精美临河盗龙骨骼图

中生代

≪ 安氏原角龙

安氏原角龙

├─ 1.2 米 ─┤

├─── 2.5 米 ───┤

　　这个头上没有角的家伙就是安氏原角龙，外形和三角龙相似但没有三角龙头上的角。安氏原角龙的体长不到3米，是一种生活在白垩纪晚期的一种植食性恐龙。它的脸颊两边长着两个凸出的巨型轭骨，并且头部后方有一个巨大的头盾，当它们被其他恐龙攻击时，这个大大的头盾便会保护它们脆弱的脖颈。

它的嘴像鸟类的喙一样，配合强健的咬合肌，可轻松咬断植物的根茎，甚至可咬断伶盗龙的前肢。

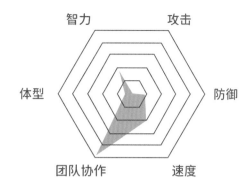

智力　攻击
体型
防御
团队协作　速度

》尾巴粗壮，用
来保持平衡

≪ 安氏原角龙

安氏原角龙喜欢群居生活，但会把恐龙蛋生在窝里，这也证明当时它们已有独立抚养幼崽的能力。安氏原角龙非常聪明，它有力的四肢虽然短粗，但奔跑速度却很快。

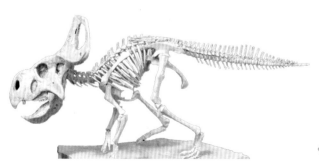

≪ 安氏原角龙骨骼

≪ 单指临河爪龙

单指临河爪龙

|— 1.2m —| |- 0.7m -|

单指临河爪龙是小型肉食性恐龙。它的化石发现于内蒙古自治区巴彦淖尔市巴音满都呼国家地质公园。它是世界上人们首次发现的只发育了一个手指的恐龙。单指临河爪龙的体型极小，身为一只恐龙，体重没超过500克，体长约70厘米，似于一只鸽子的大小。它的体重和一包盐的重量差不多。它这样小的体型以什么为食呢？它有一个长长的且带有许多黏液的舌头，食物大多以蚂蚁为主，单指的特点也有助于它将蚂蚁从细缝中抠出来。

在恐龙家族中，单指临河爪龙凭借手指成为家族中与众不同的一个成员。其实原始的恐龙基本有5个手指，但经过不断的进化，很多兽脚类恐龙的手指已逐渐退化，不仅有像单指临河爪龙这样只有一个手指的恐龙，还有许多恐龙退化为3指动物，最终变成了鸟类，飞向了天空。

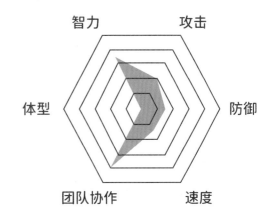

智力　攻击

体型　防御

团队协作　速度

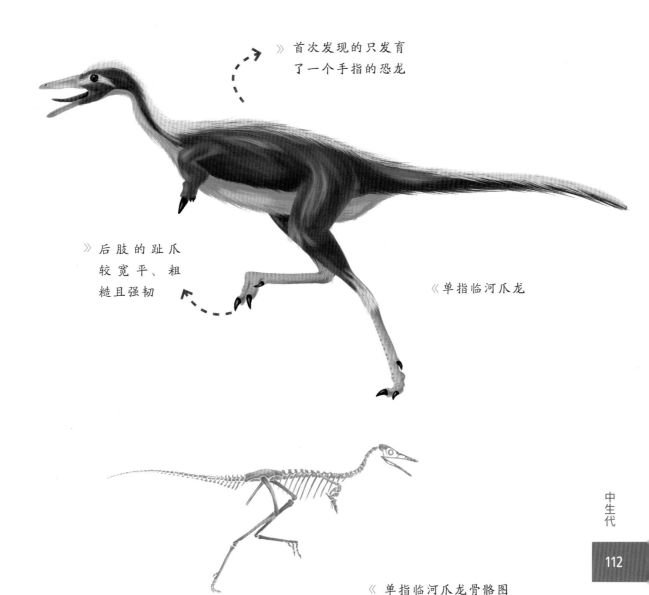

» 首次发现的只发育了一个手指的恐龙

» 后肢的趾爪较宽平、粗糙且强韧

《 单指临河爪龙

《 单指临河爪龙骨骼图

中生代

112

《 内蒙古鹦鹉嘴龙

内蒙古鹦鹉嘴龙

|— 1.2米 —| |—   1.5米   —|

　　鹦鹉嘴龙是植食性恐龙，是鸟臀目中的一种恐龙。鹦鹉嘴龙是一个大家族，是拥有恐龙种类最多的一个家族。成年鹦鹉嘴龙的体长约1米，体长最长的可达2米。

你看，鹦鹉嘴龙钩状的喙嘴是不是和原角龙、三角龙的一样啊？别看鹦鹉嘴龙没有颈盾，它很可能是大部分角龙类恐龙的祖先哦！与晚期角龙类不同的是，在鹦鹉嘴龙像鹦鹉一样的喙中并没有牙齿，是通过吞食胃石来帮助自己消化腹中的食物。

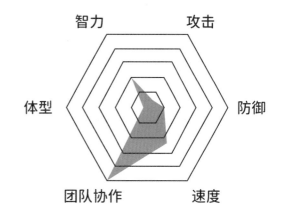

» 将石头吞入消化系统中协助磨碎坚韧的植物材料

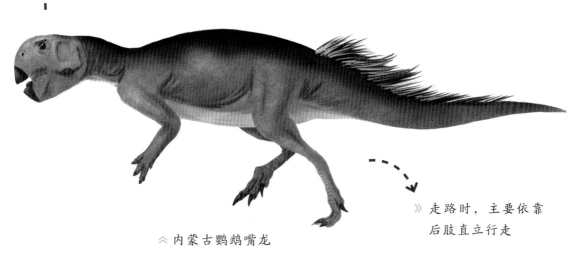

《 内蒙古鹦鹉嘴龙

» 走路时，主要依靠后肢直立行走

我们在许多鹦鹉嘴龙的化石中，经常可以见到许多胃石，有时胃石的数量甚至会超过50颗，与现代的鸟类相似，这些胃石都被贮藏在鹦鹉嘴龙的消化器官——砂囊之中。

《 内蒙古鹦鹉嘴龙骨骼图

中生代

≪ 鄂尔多斯乌尔禾龙

鄂尔多斯乌尔禾龙

├─ 1.2 米 ─┤

├──────── 6 米 ────────┤

乌尔禾龙是生活在早白垩纪的一种植食性恐龙，是剑龙科的一员。剑龙因它的背部长有许多的骨板和尖刺而非常具有辨识度，乌尔禾龙的骨板相对较圆。当它与敌人对峙时，身上的骨板会变成红色，可以用来震慑对方。

当我们看到这些骨板，大多会认为它们具有很强的防御性，实则不然，这些骨板周围分布着很多的血管，如果骨板受到损伤，那么乌尔禾龙很有可能会因为大出血而死亡。

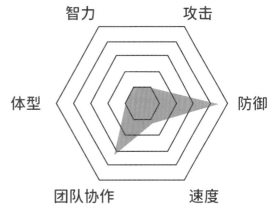

» 骨板被认为是乌尔禾龙的"空调"

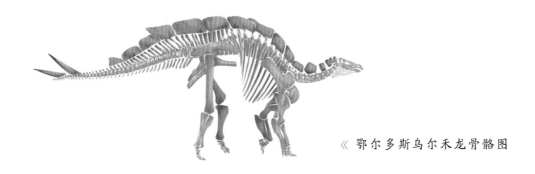

» 长着夸张而恐怖的骨板，却是一种性情温和的恐龙

≪ 鄂尔多斯乌尔禾龙

这些骨板的作用是什么呢？人们普遍认为，骨板的作用是调节体温：当太阳照射在它宽大的骨板时，骨板中密布的血管便会更快地将热量送遍全身。一些古生物学家还认为这些骨板是用来做物种识别或是使它们看起来更有威慑力的工具。

≪ 鄂尔多斯乌尔禾龙骨骼图

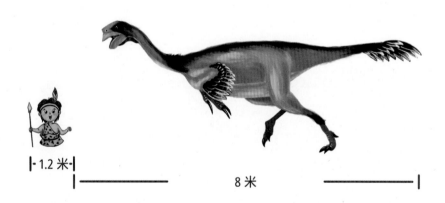

≪ 二连巨盗龙

二连巨盗龙

|·1.2 米·|

8 米

　　二连巨盗龙是较大型的植食性或杂食性恐龙，属于"小偷家族"窃蛋龙的成员。巨盗龙的化石发现于内蒙古自治区二连浩特市。它体长可达11米，是已知体型最大的窃蛋龙类恐龙。二连巨盗龙身上也覆盖着许多羽毛，鹦鹉喙似的嘴里没有牙齿。

二连巨盗龙是一个十分优秀的"长跑运动员"，它的小腿比大腿要长，是奔跑的利器。通常情况下，与鸟类相似的恐龙体重大多只有几公斤，而二连巨盗龙刷新了研究者对这类恐龙的认知，成为其中与众不同的一个。

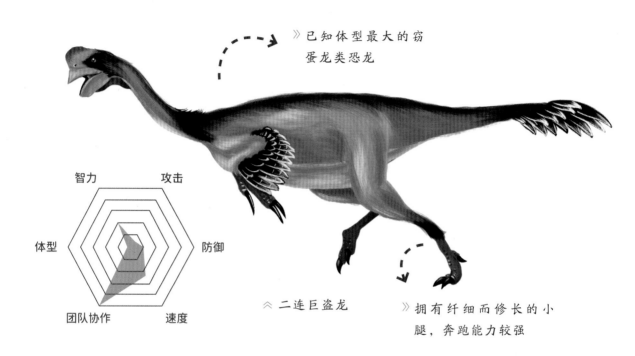

» 已知体型最大的窃蛋龙类恐龙

智力 攻击
体型
防御
团队协作 速度

《 二连巨盗龙

» 拥有纤细而修长的小腿，奔跑能力较强

你知道吗？其实窃蛋龙是被冤枉的。1923年7月，内蒙古发现了世界上第一窝恐龙蛋化石，这些恐龙蛋化石四周有许多原角龙的骨骼化石，因此，研究者认为这窝恐龙蛋便是原角龙的蛋。与此同时，恐龙蛋化石的附近却出现了另一种恐龙化石，这只恐龙被认为是在窃取原角龙的蛋，它就是窃蛋龙。直至2001年，那窝蛋被证实是窃蛋龙的蛋，窃蛋龙这才得以洗清冤屈。

二连巨盗龙化石的出现创造了一项吉尼斯世界纪录，它是迄今为止世界上发现的最大的窃蛋龙类恐龙化石。

《 二连巨盗龙骨骼图

≪ 美掌二连龙

美掌二连龙

|— 1.2 米 —|

|— 2 米 —|

　　美掌二连龙是蜥臀目、镰刀龙超科的一种兽脚类恐龙。镰刀龙超科拥有已知动物中最大的爪子，巨大的勾爪最长可以达到1米且向内弯曲，像割草的大镰刀，看起来非常锋利。镰刀龙独特的爪子可以帮助它们触碰到其他兽脚类恐龙碰不到的距离。

美掌二连龙的外形会让人误认为它是一种凶猛的肉食性恐龙，其实它是一种主要以植物为食的杂食性的恐龙。它的身上可能覆盖着像鸟类羽毛一样的原始羽毛，但无法飞行。美掌二连龙与其他镰刀龙相比，脖子更短且大腿骨更长。

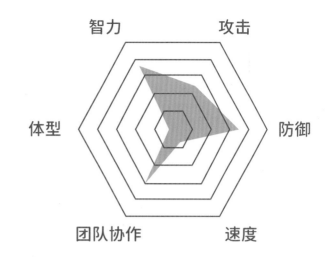

你知道吗？有研究发现，镰刀龙的父母很有可能在产下蛋后就将它们用土壤掩埋，然后便会置之不理，并且刚刚孵化出来的镰刀龙就已经生长得非常好，是早熟性的动物。或许它们并不需要父母过多的照顾。

》美掌二连龙最显著的特征：脖子短、大腿长

》长着一对弯曲的、巨大的指爪，带有明显的内勾

《 美掌二连龙

≪ 格氏绘龙

格氏绘龙

|- 1.2 米 -|　　|- 　　　　5.5 米　　　　 -|

　　格氏绘龙是甲龙科的一种，体长约5米，体重可达1.9吨，身体扁且低矮。说到甲龙，大家便会想到它全身包裹着坚硬"盔甲"的样子，真可谓是恐龙中的"装甲车"。

格氏绘龙是中国恐龙化石中保存数量最多的甲龙类恐龙，也是世界上保存化石最多的甲龙类恐龙。它的尾巴上有一个尾锤，拥有这样坚硬、可怕的"狼牙锤"，试问谁还敢在它面前放肆呢！

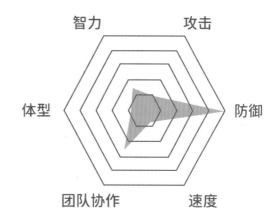

智力　攻击

体型　防御

团队协作　速度

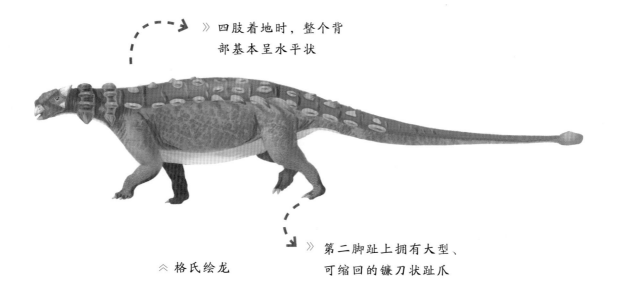

》 四肢着地时，整个背部基本呈水平状

≫ 格氏绘龙

》 第二脚趾上拥有大型、可缩回的镰刀状趾爪

其实，并不是所有的甲龙都有尾锤，生活在侏罗纪的甲龙就没有尾锤，到白垩纪才陆续出现有尾锤的甲龙。如果你看到有尾锤的甲龙，那它一定是白垩纪的"居民"哦！

≫ 格氏绘龙骨骼图

≪ 查干诺尔龙

查干诺尔龙

├1.2 米┤

26 米

查干诺尔龙是白垩纪的一种大型植食性蜥脚类恐龙，它的化石发现于内蒙古自治区锡林郭勒盟查干诺尔碱矿之中。

查干诺尔龙的体型巨大，体长可达26米，体重可达23吨以上，站起来有4层楼那么高，是亚洲发现的白垩纪最大的恐龙。它的脖子很长，但抬头吃高处的树叶时，会因供血不足而心跳停止。因此，身躯如此庞大的查干诺尔龙也只能吃一些长在地面上的低矮植物。

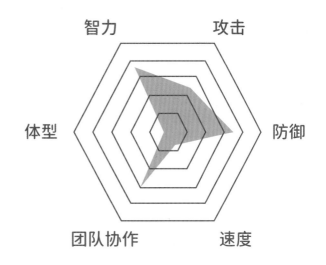

» 在亚洲的植食性恐龙中体长最长

» 有一个长脖子，但无法长时间抬头去吃高处的树叶

《 查干诺尔龙

蜥脚类恐龙有着独特的进食方式：它们的牙齿非常密集，在吃树枝上的叶子的时候，会用牙齿将叶子全部捋下来；它们没有臼齿，会依靠"胃石"来帮助自己消化食物。

中生代

≪ 奥氏独龙

奥氏独龙

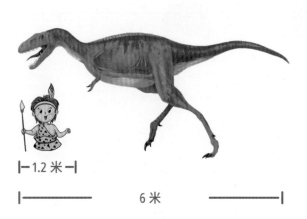

├─1.2 米─┤

├─────── 6 米 ───────┤

奥氏独龙是蜥臀目、暴龙超科的一种兽脚类恐龙，是独龙属唯一的一种恐龙，生活在白垩纪早期的内蒙古地区。它的化石发现于内蒙古自治区二连浩特市。奥氏独龙是一种用双足行走的肉食性恐龙，体型较小，体长5~6米，似于一辆公交车的长度。

奥氏独龙的头骨很大，脖子又短又粗但关节灵活，这些关节可以帮助它环顾四周，寻找猎物。奥氏独龙的行动十分敏捷，它不会因为体型小而与同类合作，独来独往的习性突出地体现了独龙的"独"字。

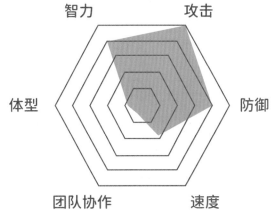

智力　攻击

体型　防御

团队协作　速度

》尾巴粗壮，用
　来保持平衡

》牙齿向后弯，
　呈锯齿状

≪ 奥氏独龙

虽然奥氏独龙是个"独行侠"，但捕食能力不容小觑。单独捕食的奥氏独龙有时会向群体生活的恐龙发起攻势，由此可见它的胆量和能力。

≪ 奥氏独龙骨骼图

≪ 阿乐斯阿拉善龙

阿乐斯阿拉善龙

阿乐斯阿拉善龙的化石发现于内蒙古自治区阿拉善盟的阿乐斯台村附近，人们用发现地的名字给它命名。它也是迄今为止在亚洲发现的保存最完整的白垩纪早期的兽脚类恐龙化石。

1.2m

3.5m

阿乐斯阿拉善龙是蜥臀目、镰刀龙超科的一种兽脚类恐龙。它的体长约4米，身高约1.5米，体重380公斤，重量似于一匹现代的成年斑马。

智力
攻击
防御
速度
团队协作
体型

» 牙齿数目多，但无法撕咬肉块

» 前肢可达3米长，指爪又钝又直，主要用来勾取树上的枝叶

≪ 阿勒斯阿拉善龙

阿乐斯阿拉善龙的前肢和腿部一样长，也有镰刀龙家族那样镰刀般的大爪子，但是和家族的其他成员相比，爪子就有些短了。不仅如此，阿乐斯阿拉善龙的爪子还比较直，导致它没有捕猎的能力。它拥有40多颗牙齿，虽然数量较多，却不能切割肉类，所以它只能成为吃树叶的植食性恐龙。

中生代

≪ 萨如拉鄂托克龙

萨如拉鄂托克龙

1.2 米

15 米

萨如拉鄂托克龙生活在距今约八千万年的白垩纪晚期。它是蜥臀目、盘足龙科的一种蜥脚类恐龙。萨如拉鄂托克龙的化石发现于内蒙古自治区鄂尔多斯市鄂托克旗，体长约15米，似于一条鲨鱼的长度。

它的身高约7米，有两层楼那么高。萨茹拉鄂托克龙所在的盘足龙家族是一个"巨龙家族"。盘足龙因脚底的形状似圆盘而得名。它们主要生活在水中，是以植物为食的植食性恐龙。盘足龙的脖子又长又粗壮，长度约占身体全长的一半。

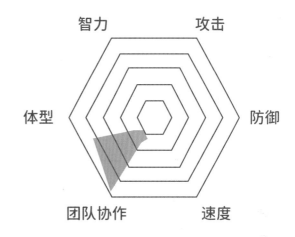

智力　攻击

体型　防御

团队协作　速度

≫ 萨如拉鄂托
克龙骨骼图

你知道吗？由于蜥脚类恐龙的身体重心都集中在身体的后半部分，因此大部分的蜥脚类恐龙可以短暂地抬起前肢，用后肢站立。通过这样的方式，它们不仅可以吃到位置更高的树叶，还可以在遇到危险时踩踏、攻击敌人。

≫ 长有很大的
眼睛，它可
能会在夜间
活动

≫ 第二脚趾上拥有
大型、可缩回的
镰刀状趾爪

≪ 萨如拉鄂托克龙

∧ 杨氏中国鸟脚龙

杨氏中国鸟脚龙

杨氏中国鸟脚龙是伤齿龙类的一员，伤齿龙类的恐龙与始祖鸟及原始的驰龙类恐龙是近亲。它的化石发现于内蒙古自治区鄂尔多斯盆地。杨氏中国鸟脚龙的脑容量较大，有较高的智力水平。不仅如此，它拥有极好的立体视觉和敏锐的听觉。

1.2 米   1 米

它的体长似于一头小羊，约1米，是最小的肉食性恐龙之一，以小型的哺乳类动物或昆虫为食。杨氏中国鸟脚龙的前肢及足部的结构较复杂，它的爪子尖锐且弯曲，可以做抓握的动作。

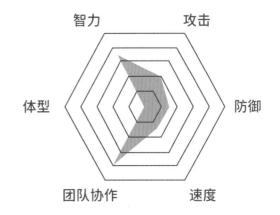

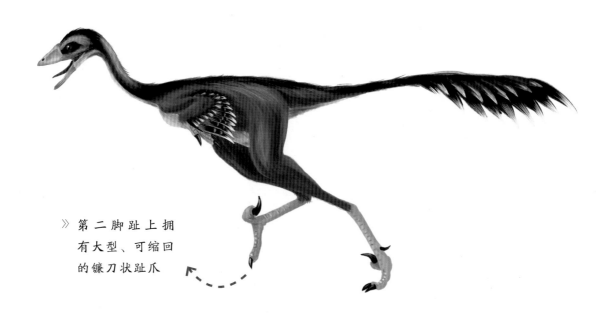

» 第二脚趾上拥有大型、可缩回的镰刀状趾爪

≪ 杨氏中国鸟脚龙

中国鸟脚龙化石的呈现姿态很独特：身体蜷缩，头骨埋在左前肢的下面，非常像鸟类睡觉的姿态。

鸟类的出现

▌鸟类是如何飞上天空的？

关于鸟类飞行的起源，科学界存在两个对立观点：一个是树栖起源说，另一个是地栖起源说。

地栖起源说，也称"奔跑起源说"，这一假说认为：鸟类的飞行源于一种小型的两足兽脚类恐龙，这种恐龙栖息在陆地上，为了捕食猎物和躲避"敌人"会利用前肢上的羽毛加快奔跑速度，最后因此获得了飞行的能力。

≫ 始祖鸟化石

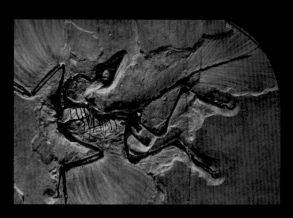

树栖起源说则认为：鸟类早期的祖先不具备飞行能力，它们栖息在树上，只会用前肢的爪子抓住树枝。随着不断地进化，它们开始在不同高度的树枝间滑翔。随着树之间的间距变大，它们的滑翔能力也越来越强，逐渐进化出羽毛，最终具备了飞行能力。

134

鸟的祖先是谁？

鸟类的祖先到底是谁？这个问题曾在科学界掀起不小的波澜。1868年，英国科学家赫胥黎第一次提出：鸟类起源于恐龙。但在1926年，丹麦科学家海尔曼又提出：恐龙并不是鸟类的祖先，二者只是由同一类已灭绝的原始爬行物种进化而来的。在此之后，世人普遍认为鸟类并不是恐龙的后裔。

≫ 中华龙鸟

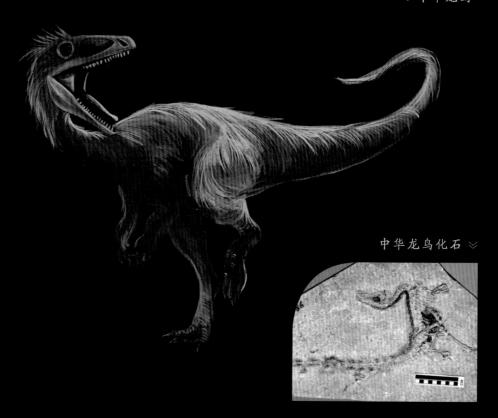

中华龙鸟化石 ≫

20世纪70年代，以美国恐龙科学家奥斯特罗姆为代表的一些科学家又一次提出：鸟类是由一些个体较小的兽脚类恐龙演化而来的，陆续出土的各种恐龙化石也使这个观点被越来越多的人认可。在中国发现的各种恐龙化石为这一论点提供了有力的证据，并起到了关键的作用。

1996年，在中国辽宁省朝阳市发现了世界上第一件带有羽毛的恐龙化石——"中华龙鸟"。在此之后，中国科学家又在内蒙古、河北发现了中国鸟龙、尾羽龙等各种带羽毛的恐龙。所有的证据都指向一点：恐龙是鸟类的祖先。

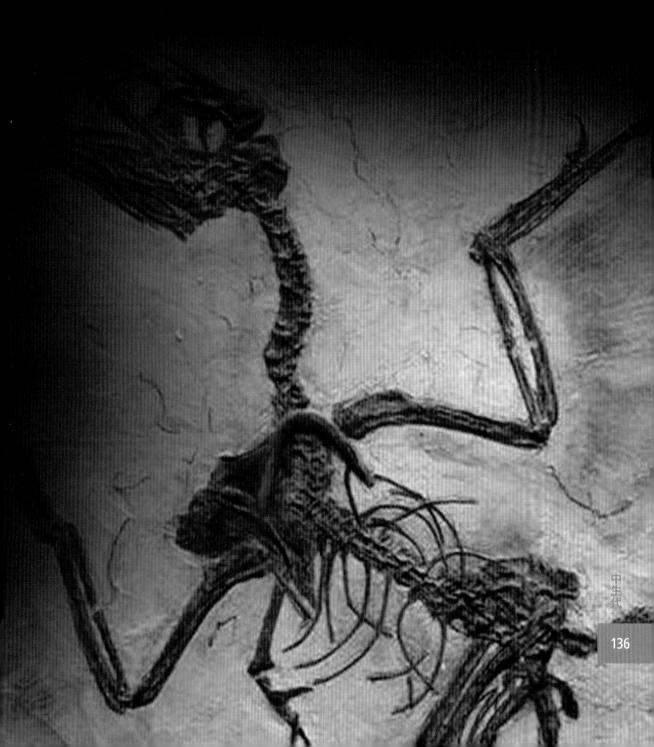

始祖鸟

　　始祖鸟是侏罗纪晚期的一种小型恐龙。在它们被发现的时候，被认为是最早的鸟类，因此被称为"始祖鸟"。随着考古研究的不断深入，"孔子鸟"和"辽宁鸟"的出现证明了始祖鸟并不是最原始的鸟类，并且它的骨骼等特征充分说明其是一种小型兽脚类恐龙，很有可能是后面出现的恐爪龙类的祖先。

∨ 始祖鸟化石

　　始祖鸟的体型只有一只乌鸦那么大，外形既像恐龙又像鸟类，头部似鸟，全身被羽毛覆盖，已经具备了现代鸟类初级飞羽、尾羽、次级飞羽和复羽的分化。它的前肢长有3根锋利的指爪。

始祖鸟的嘴里长有尖锐的牙齿且向后弯曲。它还有一条长长的尾巴，由21节尾椎组成。始祖鸟的飞行能力较弱，或许只能进行一些低空的滑翔，飞行技术也只能与现代的野鸡相提并论。

似鸟龙

这个长得和鸵鸟非常像的恐龙便是似鸟龙了。似鸟龙生活在白垩纪晚期，是蜥臀目、兽脚类恐龙。兽脚类恐龙是恐龙中的一个大"家族"，许多我们熟知的暴龙、窃蛋龙、异特龙等都是兽脚类恐龙中的一员。

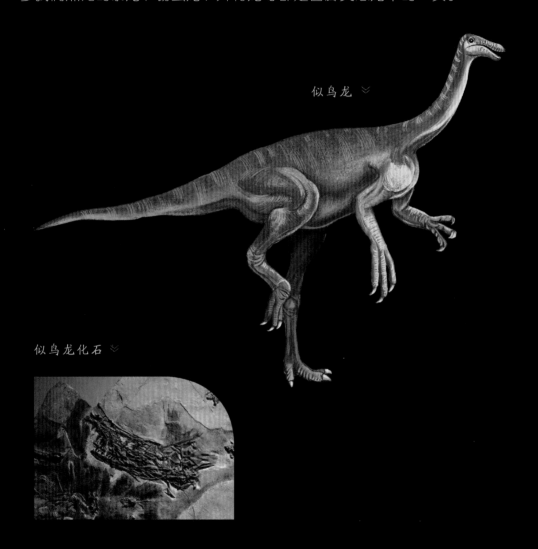

似鸟龙 ≫

似鸟龙化石 ≫

与"兽"字沾边的动物往往凶猛残暴，兽脚类恐龙用两个后肢行走、奔跑，指尖长有锋利的尖爪，嘴巴里还长有利齿。而似鸟龙便是兽脚类恐龙中相对不那么残暴的一种恐龙。

似鸟龙是一种小型杂食性恐龙，在似鸟龙胃部发现的胃石，是它植食性的主要证据。不过，它吃植物的果实、叶子、种子的同时，很可能会捕食一些昆虫及小型爬行动物。似鸟龙的头部比较小，被覆鸟类一样的羽毛，长着鸵鸟所没有的又长又粗的尾巴。锋利的爪子让它看起来十分凶猛，但嘴巴里却没有一颗牙齿。巨大的眼睛证明它拥有着极佳的视力和非常开阔的视野。似鸟龙在捕食猎物的时候，可以利用两条修长的后腿在陆地上飞快地奔跑，用前肢上尖锐的爪子来捕捉猎物。似鸟龙的奔跑速度极快，可以达到每小时43千米的速度，和现代鸵鸟的奔跑速度差不多。

有它们的身影。它们的化石发现于河北省青龙县的侏罗纪地层之中。等一下，你不会以为翼龙是恐龙吧？

≫ 翼龙

≫ 翼龙化石

　　其实，翼龙是一种会飞的爬行动物，也是地球上第一类能够飞行的脊椎动物。它与恐龙可能来源于一个祖先，只不过恐龙走向了陆地，而翼龙选择了天空。翼龙生活在地球上的约1.6亿年时间里，经过不断地演变，分化出各种各样、相差甚远的种类。翼龙与鸟类的亲缘关系非常接近，但翼龙的长相却非常奇特，头又短又粗，手部外侧的手指非常长，坚硬的羽毛呈丝状。翼龙有与蝙蝠的皮膜类似的翼膜，研究者发现，它们的翼膜看起来和现在一些户外运动服的材质类似，非常有韧性，不容易被撕裂。翼龙虽然不是鸟类的祖先，但也是曾经称霸天空的"霸主"。

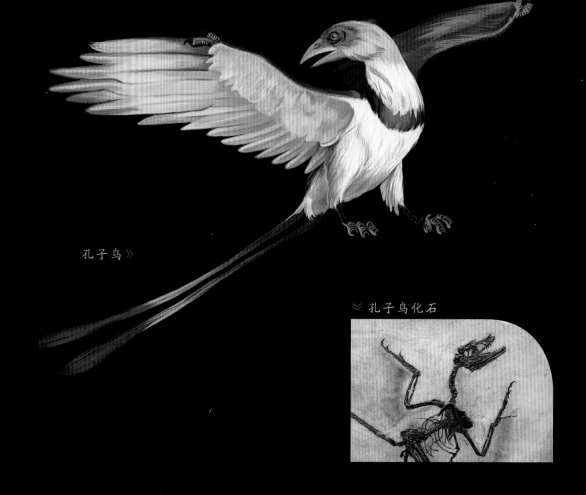

孔子鸟》

≫ 孔子鸟化石

　　听到它的名字，我们便可以知道它在中国有着举足轻重的地位。目前，已有成百上千的孔子鸟化石被人类发现，它成为世界上已发现的化石数量最多的中生代古鸟类。孔子鸟和德国发现的始祖鸟有许多相同的特征：头骨没有完全愈合，前肢长有3个锋利的指爪。

但不同的是，孔子鸟的嘴里没有牙齿，它也是世界上已知的最早的无齿、有喙的古鸟类之一。不仅如此，孔子鸟的形态特征比始祖鸟显得更加进步，它生活的时代或许也比始祖鸟更晚一些。孔子鸟的脊椎骨退化，胸骨发育良好，具有较短的尾巴。相比始祖鸟，孔子鸟的飞行能力略胜一筹，后肢也更利于它抓紧树枝。研究发现，雄性孔子鸟具有雌性孔子鸟所没有的长长的尾羽。另外，它们相伴而亡的身影经常出现在一些石板之上。虽然孔子鸟有许多和现代鸟类相似的特征，但现代鸟类的起源与它没有什么直接的关系。

新生代

　　伴随着恐龙们的哀嚎声，古生代结束了，随之开始了地球历史上最新的一个地质时代——新生代。新生代包含三个纪，分别为：古近纪、新近纪、第四纪。在新生代早期，全球的气候带已经非常明显了。阿尔卑斯山脉的活动仍十分活跃，到了第四纪，它成为世界最高的山峰。青藏高原也随着喜马拉雅山的不断增高而向上隆起。爬行动物没落后，哺乳动物站上了动物界的顶峰，它们胎生的繁殖方式大大提高了后代的成活率，使种群不断发展壮大。在植物界，被子植物终于繁盛起来，遍布在地球的各个大陆。整个生物界都逐渐"现代化"，人类的出现更是将这一时期的发展推向了高潮。

新生代生物群　▼

古近纪

古近纪时期，各大陆的位置已经和今天地球上的各大陆的位置十分接近。亚洲、非洲、北美洲、南美洲已各就各位，找到了自己的位置。始新世时，南美洲和澳大利亚才开始背道而驰：前者往南移，后者向北走。许多古老的海洋因为大陆漂移消失在地图之上，高大的山脉也在这时按捺不住激动的心情，开始逐渐隆起，悄悄"长个儿"。"世界屋脊"青藏高原也是在这时开始蓄力，努力成就属于它的"传奇"。

古近纪早期，在始新世之前，地球好像一个"温室"，即使在高纬度地区还有热带森林的分布。被子植物终于迎来了它们的时代，努力生长到了世界各地。它们中的许多成员就这样长久地生活在地球上，一直走到今天，与我们相见。

哺乳动物们仿佛约好了似的，一起在这个时刻疯狂发展。曾经在海洋中生活的各种海生爬行动物被小型鲸类等海生哺乳动物代替。许多和现代的鸟类相似的动物也活跃起来。哺乳动物们凭借着独特的胎生及哺乳的繁殖方式，大大提高了子孙后代的成活率；它们控制体温，能够快速适应温度的变化；它们有灵敏的听觉和嗅觉，既可以迅速躲避敌害，还可以提高捕食猎物的效率。

≪ 晚古新世脑木更动物

晚古新世脑木更动物群

≫ 楔齿兽化石

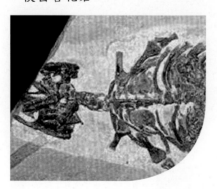

　　脑木更动物群主要发现于内蒙古自治区二连盆地脑木更一带的晚古新世脑木更组，不仅有我国最为完整的古近纪地层剖面、哺乳动物化石地，也是亚洲古近纪的代表。代表生物有：双尖中兽、多尖齿兽目、北柱齿兽科等。

楔齿兽

这个长相极丑的家伙就是楔齿兽。它是一种肉食性爬行动物，有着匕首状的牙齿，我们便能知道它是一种极其凶猛的动物。楔齿兽有一张巨大的嘴巴，可以张得很大并且有惊人的咬合力。即使是大型脊椎动物也会在它的巨嘴面前瑟瑟发抖。

∨ 楔齿兽

楔齿蜥

∨ 楔齿蜥化石

楔齿蜥生活在三叠纪初期，是这一时期喙头类唯一的"残党"，被称为"活化石"。楔齿蜥又被称为"喙头蜥"，它是喙头目唯一现存的爬虫类动物。楔齿蜥的外形很像蜥蜴，但与蜥蜴不同的是，楔齿蜥和"二郎神"一样，具有"第三只眼睛"。其实，它的这"第三只眼睛"就是松果体，是一种与眼睛相似的一个结构，存在于楔齿蜥的大脑之中。楔齿蜥还具有第三眼睑，即"瞬膜"。它覆盖在结膜上，起到保护眼角膜、湿润眼球的作用。

≪ 始新世巴彦乌拉动物群

始新世巴彦乌拉动物群

≫ 恐角兽骨骼

始新世巴彦乌拉动物群被发现并命名于内蒙古自治区四子王旗巴彦乌拉脑木更苏木。代表生物有：多瘤齿兽、古柱齿兽、恐角兽等。

恐角兽

恐角兽又叫尤因它兽，是一种原始的大型有蹄兽类。它是恐角目家族中最大，也是最有名的一个。恐角兽的体长约4米，肩高1.7米，体重约4.5吨。它长着四个柱状的且像珊瑚的角，角最多有三对。锋利的犬齿从嘴中伸出且向后弯曲，最长可达30厘米。

≪ 恐角兽

别看恐角兽长相狰狞，它可是一个植食性的动物哦！虽然它的大脑比较小，智商较低，但它在始新世时期，基本没有什么强敌。但是，当时间来到始新世末期，奇蹄目中雷兽的体型也越来越大，并且比它更加进化。恐角兽的生存空间逐渐减小，慢慢地在时代更迭中走向了灭绝。

≪ 多瘤齿兽

多瘤齿兽

≪ 多瘤齿兽化石

　　多瘤齿兽所在的大家族被称为"中生代的啮齿动物"。它所在的类群非常多样，并且是中生代的哺乳动物中最有优势的一类。是除了有袋类动物和胎盘类动物之外，唯一的在地球上生活、演化跨越了中生代和新生代的一类哺乳动物。

多瘤齿兽类动物和其他的哺乳类动物没有密切的关系，它源于与哺乳类动物相似的爬虫类动物。但它也具有哺乳动物的形态：中耳有3块听骨、身上被毛发所覆盖。

《多瘤齿兽

除此之外，多瘤齿兽还具有一颗大的下门齿、3颗上门齿，这3颗上门齿中有一颗明显大于其他上门齿，各个牙齿的功能有清晰地分化。这是白垩纪末之前的哺乳动物所没有的特点。

新生代

≪ 渐新世乌兰戈楚动物群

渐新世乌兰戈楚动物群

　　始新世至渐新世以"乌兰戈楚动物群"为代表，该动物群距今约3500万年，跨越了始新世和渐新世，发现于内蒙古自治区乌兰察布市四子王旗沙拉木河额尔登敖包乌兰戈楚，包含5目11科33个属种。该动物群中，奇蹄目占绝对优势。代表生物有：巨犀、雷兽等。

巨两栖犀

巨两栖犀是一种已灭绝的早期犀牛，体长可达4米，体重约4吨，是两栖犀科中最大的一种。它的头上没有角，四肢又短又粗，但凭借着又长又锋利的獠牙，拥有极强的攻击力。

≪ 巨两栖犀

巨两栖犀的生活习性与现代的河马相似，喜欢把家安在靠近岸边的河水中，当它们感到饥饿时，便会上岸寻找鲜嫩的植物来填饱肚子。

≪ 大角雷兽

大角雷兽

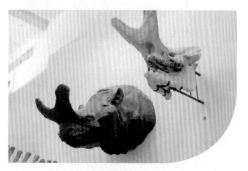

≪ 大角雷兽骨骼图

　　这个外形奇奇怪怪的动物有个十分霸气的名字——大角雷兽。大角雷兽又名雷犀，是奇蹄目的一种哺乳动物，生活在始新世晚期。

大角雷兽的头上有一个巨大的角，这个巨型骨质角向上翘起，尖端扁平，形状像两片相邻的花瓣，看起来非常具有攻击性。

∨ **大角雷兽**

其实，大角雷兽的角是空心的且容易碎，因此不可以拿来当作武器使用。它们会用这一明显的特征来分辨哪个是同类。它的鼻腔顺着角的弧度向上延伸，直到骨质角的顶端，形成了类似共鸣管的结构，通过这个结构来制造声音。

≪ 巨犀

巨犀

≫ 巨犀骨骼图

巨犀是生活在渐新世的一类哺乳动物，在新生代，它替代恐龙成为中生代最大的陆生兽类，也成为地球上有史以来最大的一类陆生哺乳动物。巨犀是奇蹄目的一种，生活在约3400~2300万年前的中亚地区的森林里。它的体型非常巨大，仅头部就有1米长。

在内蒙古自治区发现的准噶尔巨犀，体型比现在陆地上任何一个哺乳动物都要大，头骨长约1.5米，肩高约5米。巨犀是犀牛的近亲，和现代的犀牛相比，巨犀的脖子更长且额头上不长角，腿也更加细长，外形看起来像长颈鹿。

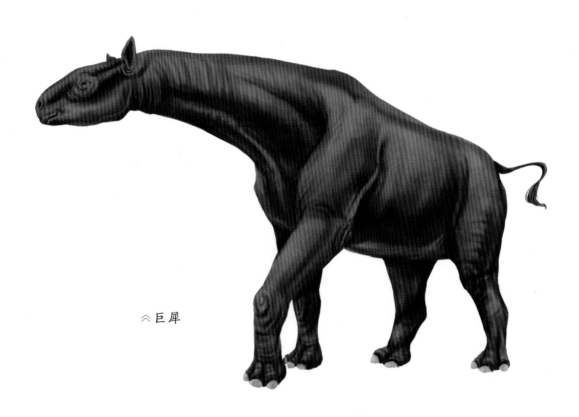

≪巨犀

巨犀以树冠上的树叶为食，长长的脖子可以帮助它们吃到更高处的嫩叶。准噶尔巨犀可以吃到距离地面6~7米的树叶。你知道吗？中国最完整的巨犀化石在20世纪90年代出土于中国新疆维吾尔族自治区吐鲁番市的鄯善县境内，现藏于吐鲁番博物馆。

≪ 巨猪

巨猪

    巨猪对环境的适应能力极强，别看它叫"巨猪"，其实它并不是猪。它的体型和牛一样大，它是一种以吃植物为主的杂食性动物。

虽然它与现代的猪都叫"猪"，但现代的猪要远比巨猪聪明。如果给有蹄动物排个名，没准现代的猪还能拿个头奖。但是巨猪的智商却无法和同时期的其他有蹄动物相提并论，体型这么大的它，却长着一个和橘子差不多大的脑子。

≪ 渐新马

渐新马

渐新马又叫中马，是渐新世的一种早期马类。它的体型和羊差不多大。它在森林中生活，以植物嫩叶、果实及树枝为食。渐新马的脚趾与其祖先相比已经相对进化，只有3个。其中，相对较大的中指用来站立。不仅如此，渐新马的大脑也比其祖先大，与现代的马相似，口中还多了一颗磨齿。

新近纪

在新近纪，全球的气温开始下降，地球上的生物逐渐从古近纪的"温室"中走了出来。南北极地区披上了"银装"，森林也无法继续在全球各地扩张。

但这依旧难不倒被子植物，它们之中出现了一股全新的势力——草本植物。它们向大树无法生长的地方发起进攻。最终，草本植物凭借生长繁殖快、耐寒等特点大获全胜，使地球上出现了真正的草原。草原的出现带动了哺乳动物的发展进程，如马科、牛科、鹿科等"跑步能手"悉数出现。它们以草为食，在草原"大舞台"上繁衍生息。

哺乳动物中，大象家族成为陆地上最大的动物。此时，食肉类动物站上了食物链的顶端。上新世末期的哺乳动物和现代的哺乳动物几近相似。在地球上某一处出现了直立行走的灵长类，它们未来的子孙在地球上成为最耀眼的明星。

︽ 通 古 尔 动 物 群

通古尔动物群

　　通古尔动物群发现于内蒙古自治区锡林郭勒盟苏尼特左旗赛罕高毕苏木。代表动物：跳兔、他伦半犬、铲齿象、戈壁安琪马等。

爪兽

什么动物会有"爪兽"这样奇怪的名字呢？爪兽其实是一种已经灭绝的奇蹄类动物。爪兽的身高约3米，长着长长的爪子，会利用爪子将树枝钩下来。爪兽为了保护这些长爪，会像大猩猩一样用指关节来行走。你知道吗？这样奇怪的动物竟然是马的近亲。

∨ 爪兽

≪ 戈壁安琪马

戈壁安琪马

戈壁安琪马在一千多万年前从北美洲来到了中国。相比更古老的始祖马，它们的体型明显大了许多，样貌也和现代的马类更像了，最重要的是它们的脚趾已进化成了3个。但戈壁安琪马依旧因长有3个脚趾而无法更快地在草原上飞驰。

库班猪

　　库班猪是生活在新近纪的一种体形巨大的猪。它的牙齿尖部较圆，像一个小山丘。库班猪的长相非常奇特，不仅长着似于野猪的獠牙、疣猪脸颊上的凸起，还长着角。

≪ 库班猪

　　你没有听错：一只猪，长着角的猪！库班猪两只眼睛的上方各长着一个细小的角，额头上还长着一个非常大的角，这几个角使其极具辨识度，模样和传说中独角兽有些相似。

∧ 和政生物群

和政生物群

　　和政生物群主要发现于甘肃省和政、广河、东乡、临夏、康乐等地区的新近纪红土层和第四纪狄岑忠。主要为新生代晚期的4个不同哺乳动物群，分别为：距今200万年前的真马动物群、距今1000万年左右的三趾马动物群、距今1300万年前的铲齿象生物群、距今3000万年的巨犀动物群。这里凭借着丰富的"化石宝库"创造了6个世界之最：世界上独一无二的和政羊，世界上最大的三趾马化石，世界上最丰富的铲齿象化石，世界上最早的披毛犀头骨化石，世界上最大的真马化石——埃氏马，世界上最大的鬣狗化石——巨鬣狗。

∧ 嵌齿象

嵌齿象

嵌齿象是乳齿象中长颌类型中的典型，乳齿象因其牙齿上有乳头状凸起而得名。嵌齿象的身高约3米，长长的门齿向下弯曲延伸，下巴向前伸长且有一对像铲子似的牙齿。和现在的象类一样，它也会用长长的鼻子配合凸出的下巴将树枝送入嘴中。

准格尔巨犀

准格尔巨犀是世界上已知的最大的陆生哺乳动物。准格尔巨犀的体重是现代非洲象的四倍多。如此巨大的身体当然需要更多的食物来补充能量，因此，它每天需要进食500公斤的食物才能让身体机能保持在良好的状态。寻找足够的食物是它每天最大的任务。最终，它还是因食物短缺而逐渐灭绝。

铲齿象

≪ 铲齿象

铲齿象是嵌齿象科中的成员，它下巴上有两颗整齐且扁平的门齿，形似于一把大铲子，因此得名铲齿象。它的门齿看起来比其他种类的门齿更为夸张。铲齿象生活在河湖周围，在进食的时候，会用它的"大铲子"先切断水里的植物，再将食物铲起，配合鼻子送入口中。

鬣狗

　　我们在《动物世界》中见到过这个长相丑陋、极其凶残的动物——鬣狗，它在新近纪早期的时候就已经出现在地球上了，经过不断的进化，它们形成了一个极具社会性的群体。和狼一样，它们也以群居生活为主，集体猎食。狼群中的首领是队伍中最强壮的那个，鬣狗也是如此。但不同的是，雌性鬣狗比雄性鬣狗更加强壮，因此它们过着以雌性为首的"母系社会"。

≪ 鬣狗

　　它们有着森严的等级制度，首领生育出的下一代，其他母狗必须帮忙照料；如果两只异性鬣狗相遇了，雌性一定会走在前面；雄性鬣狗会把食物留给雌性。它们在群体里的自由度很高，可以单独出来猎食。当它们聚到一起时，又会按照族群的"规矩"办事。

≪ 三趾马

三趾马

  三趾马是一种分布非常广泛但已灭绝的马。三趾马与现代的马相比，体型较小，体长约1.2米，不论前肢还是后肢都有3个脚趾。虽然与最原始的马类相比，三趾马已经是非常进化的一种了，但它们在草原古马阶段就逐渐停止了进化。在辽阔的草原上，它们既没有庇护所，又没有防身的技能，因此成为草原上猛兽们现成的美餐，数量逐渐减少，最终走向了灭绝。

新生代

≪ 大唇犀

大唇犀

≫ 大唇犀

大唇犀是生活在新近纪内蒙古地区的一种哺乳动物，是犀牛的祖先。说到犀牛，我们都会想到它们标志性的大角，但大唇犀却没有，并且它是无角犀牛中最后的一种。它每个前、后肢都有3个脚趾，拖着"啤酒肚"似的大大的肚子，看起来还有点"呆萌"。

剑齿虎

　　动画电影《冰河世纪》中出现了许多已经灭绝的史前动物，剑齿虎就是其中的一个主角。它标志性的大獠牙最长可达12厘米。剑齿虎的种类非常多，我们经常在电影里看到的是剑齿虎中最著名且剑齿最发达的一种——刃齿虎。它的体型和狮子相似，全身肌肉极其发达。

≪ 剑齿虎

≪ 剑齿虎

　　研究者推断，剑齿虎在捕食猎物的时候往往会采取伏击的方式：把猎物压在身下，然后用大獠牙将猎物的喉部划开，以达到快速放血使之断气的目的。

≪ 步氏和政羊

步氏和政羊

　　步氏和政羊是和政动物群中的六项世界之最之一世界上独一无二的和政羊。和政羊的体型和外观看起来与羊没有什么分别，但它是麝牛类早期的祖先。和政羊长着一对又短又粗的角，正是因为这对角的构造和麝牛的角十分相似，才会被认定是麝牛的祖先。

真马

≪ 真马

马的进化史经历了：始祖马—渐新马—中新马—草原古马—上新马—真马—现代马这几个阶段。真马与我们的"现代马"非常相像，它们和原始的马类相比，体型变大了，身高也变得更高了。

≫ 真马

真马身体上最突出的特点就是它们的脚趾，已经由三趾进化为单指，这样的进化更有利于它们在草原上自由地奔跑。真马虽然已经灭绝，但我国一级重点保护野生动物——普氏野马，就是由真马进化而来的。普氏野马是世界上现生的最后的野马。

第四纪

　　这里是新生代的第三个纪元第四纪，它是"冰河世纪"，也是我们生存的纪元。

　　在我们的印象里，冰河世纪的地球上，不论是绵延的山脉，还是广阔的大海，都完全被白色的冰川覆盖，此时的地球就是一个"大冰球"。其实，冰川只覆盖了北半球中高纬度的地区，这些地区上覆盖的冰川最厚可达 2000 米以上，和今天南极的冰盖厚度差不多。冰川世纪的地球并不是一直被"冻"着的，整个第四纪经历了许多次回温和降温，其中的回温期被称作"间冰期"，有研究者指出，我们现在可能就处在一个间冰期。或许某一天，冰川的时代又会卷土重来！

　　当时的地球"群英荟萃"，今天地球上大多数的物种在那时已经出现。传奇的猛犸象在广阔的平原上漫步，大角鹿、野马、披毛犀等食草动物在草原上安逸地吃着草。第四纪的动物不仅种类多，而且为了抵御严寒和捕食体型较大的猎物，许多食肉类的动物进化出巨型身躯，身上还披上了暖和的"冬装"。

《 扎赉诺尔哺乳动物群

扎赉诺尔哺乳动物群

　　扎赉诺尔的历史古老且厚重，早在更新世晚期，呼伦湖流域受世界性冰期气候影响，广袤的大地沉积着黄土或类似的堆积物，生长出相应的植被，为猛犸象、披毛犀等巨型耐寒动物提供了良好的生存条件，它们以庞大的种群活跃在扎赉诺尔地区。扎赉诺尔哺乳动物群主要分布在内蒙古自治区东部以及东北地区，主要发现于呼伦贝尔市海拉尔盆地及其周边，兴安岭东部阿荣旗和莫力达瓦达斡尔族自治旗等地，通辽市霍林郭勒煤矿和锡林郭勒盟锡林浩特市一带。

东北野牛

东北野牛是一种原始的食草动物。它可不是个好惹的家伙！东北野牛的体型要比我们家里养的牛大得多，不光个头大，脾气也暴躁。即便是庞大暴躁的东北野牛，在它的灭绝原因中也有"古人类"这一重要因素。

≪ 东北野牛

≪ 王氏水牛

王氏水牛

王氏水牛是一种生活在晚更新世的偶蹄目的牛科动物。它头上的角又短又粗，指向身体的后上方，看起来和动画角色"皮卡丘"头上的角很像。我们都知道，水牛是生活在南方的一种动物，但为什么它会在北方地区被发现呢？一种说法是，原本北方地区就有王氏水牛的分布，最后因其不适应环境气候变化，导致在北方地区灭绝。

新生代

180

≪ 猛犸象

猛犸象

　　你看过《冰河世纪》这部动画电影吗？其中有一个巨大的大象，它就是猛犸象。猛犸象又叫毛象、长毛象，曾经是世界上最大的象之一，也是陆地上生存过的最大的哺乳动物之一。最大的猛犸象体长约6米，身高约3米，体重约12吨。

≪ 猛犸象骨骼

≫ 猛犸象

猛犸象可以极好地适应冰川时代的寒冷环境。它不仅长有厚实且较长的被毛，还有极厚的脂肪层（厚度约9厘米）。它标志性的牙齿长而弯曲，成年雄性猛犸象的牙齿长1.5米以上。但这样惊人的庞然大物终究还是摆脱不了灭绝的命运，伴随着冰川时代的结束，猛犸象的生活范围越来越小，加上古人类的大肆捕杀，更加速了它们的灭绝。

新生代

∧ 披毛犀

披毛犀

披毛犀是一种已经灭绝的犀牛。在我国，披毛犀的化石集中分布在东北平原地区，华北、西南、西北等地也偶尔有披毛犀化石的出现。披毛犀的体长平均为3.5~4米，平均体重可达4.5吨，其中最大的体重可达7吨。

披毛犀身上的皮毛又厚又长，因此被称为"长毛犀牛"。披毛犀生活在寒冷的更新世，它们的头上长着两个可能被用来扫雪的角。它身披的温暖的"大袄"，加上皮下厚厚的脂肪，可以使它在寒冷的冰川时代得以存活。

⌄ 披毛犀

即使披毛犀曾经是旧石器时代人类的猎物，却成为最晚灭绝的一类史前犀。和它关系最近的苏门答腊犀现正以极危物种的身份存活在东南亚。

≪ 萨拉乌苏哺乳动物群

萨拉乌苏哺乳动物群

　　萨拉乌苏动物群是华北地区晚更新世河湖相堆积层的代表性动物群，因最先在内蒙古鄂尔多斯市乌审旗萨拉乌苏河流域发现而得名，是研究晚更新世古地理、古气候、古生物分区的一个经典标尺。

纳马象

纳马象的近亲是现在的亚洲象，但与亚洲象相比，纳马象的体型更加高大。它的头顶很高，长长的象牙微微向内弯曲，比亚洲象的牙更直一些，牙齿的长度可以达到3~4米。虽然纳马象和现代的大象在外观上很像，但它可不是现代的大象的祖先。

⌄ 纳马象

鸵鸟

≪ 鸵鸟

鸵鸟最早出现在始新世，是现存体型最大的一种鸟类。说到鸟类，我们都会联想到它们飞在天空的样子，但鸵鸟是一种不会飞的鸟类，鸵鸟也是世界上唯一的只有两个脚趾的鸟类。鸵鸟的身高最高可达2.5米！鸵鸟拥有的强大的奔跑能力得益于那两条强壮有力的"大长腿"，它的奔跑速度最快能达到72千米/小时。鸵鸟经常会把头扎进土里，其实是在吞食小沙粒，目的是帮助胃部消化食物。不仅如此，这样的方式还可以帮助它放松脖子上的肌肉，不要认为它是胆小才这样做的哦！

≪ 河套大角鹿

河套大角鹿

　　河套大角鹿是一种生活在更新世的偶蹄目、鹿科的古哺乳动物，是目前已知体型最大的鹿。在我国，它主要分布在内蒙古自治区、山西省、甘肃省等地，是我国更新世末期最为繁盛的一类动物。

河套大角鹿，"鹿"如其名，它们的头上长着一对大得惊人的角。这对巨大的角几乎与头骨垂直，角面的宽度约2.5米，最大的角长度可达4米，重量约43公斤。大角鹿在距今约7700年前灭绝，它们的生存经常会受到古人类的威胁，这也是灭绝的原因之一。

≪ 河套大角鹿

还有许多研究认为，它的灭绝与其独一无二的巨型鹿角有关。巨型鹿角并没有什么实际用途，或许只在它们求偶的时候起到一些作用，更多的时候限制了它们在森林的活动范围，还会使其患骨质疏松症。

≪ 河套大角鹿

新生代

❖ 普氏野马

普氏野马

　　普氏野马是现生的最后的野马。它的体型和野驴相似，体长约2.8米。普氏野马以集群活动为主，大多分为两类族群：一类是雄性组成的"单身组"，另一类是由雄性带领的"家庭组"。

"家庭组"中快要成年的小马往往会被首领"扫地出门"。我们可不要错怪它们的首领，它这样做是为了防止近亲繁殖。正因为它的这一行为，普氏野马的种群才能保持强健的体魄，一直繁衍下去。

《普氏野马

首领的职责不仅仅如此，作为首领，遇到危险时必须第一个冲上去；外出觅食时，它会负责断后，保证每一个家庭成员都紧跟大部队的脚步。它是一个不折不扣的"敬业"的首领。

从猿到人

一场逆天改命的大灾难使地球上三分之二的生物就此湮灭，即便是强大的"恐龙家族"也未能幸免。恐龙时代就此结束，而原始哺乳动物在这次灾难中死里逃生，逐渐形成一个新的物种人类，它们不断进化，经历了猿人类、原始人类、智人类、现代类四个阶段，谱写了地球全新的篇章。

《 人类进化历程

▎南方古猿

南方古猿被称作"正在形成中的人"，被认为是从猿到人转变的第一阶段。南方古猿的大脑比较小，和猿类似，嘴巴突出，长着长长的双臂和较短的双腿。虽然它们依旧习惯栖息在树上，但为了适应新的环境，它们已经开始用双足行走了。

能人

　　能人生活于旧石器时代早期，身高比较矮，个头最高的也不超过144厘米。它们具有和现代人相似的锁骨，手和脚的骨骼都很粗壮。与南方古猿相比，它们的脑子有所扩大，雄性能人的脑容量约800毫升，并且它们可能已经具备一些初步的语言能力了。一听"能人"这个名字，就感觉它们很有"能力"，它们已经开始使用和制作一些简单粗糙、由石头制成的工具了。能人是目前所知的最早的可以制造石器工具的人类祖先。

⩔ 巨猿动物群

直立人

1929年北京周口店出土的"北京人"化石就是直立人。直立人生活在旧石器时代初期，它们的大脑容量与现代人相比依旧较小，但已经达到1000毫升！直立人的大脑不仅容量增大了，而且内部结构也变得更加复杂，这说明直立人已经可以进行很多的活动了。根据大脑左右结构的不对称性，我们发现直立人之间已经可以通过声音来相互交流。

早期智人

早期智人又称古人。早期智人的脑容量比较大，男女脑量的平均水平已经达到1400毫升，但是大脑的结构依旧比现代人原始。相比直立人，早期智人可以制造更加精细复杂的石器；不仅可以使用火，而且人工取火也可以实现。早期智人的社会形态进入了早期母系社会，从族内群婚的形式发展到两个氏族之间的群婚形式。

晚期智人

晚期智人又称现代智人或新人，北京周口店的山顶洞人以及内蒙古的河套人就是晚期智人中的一员。晚期智人看起来已经与现代人极其相似了，它们不仅在体质方面和现代人相似，而且在生活中已经会用兽皮制衣、用贝壳和野兽的牙齿制作装饰品。它们的身高明显增高，大脑容量也很大。钻木取火的技能也是信手拈来。种族差异在这个时候随之显现出来。

河套人

  河套人是旧石器时代晚期的人类，属于晚期智人。它是我国境内最早发现的旧石器时代遗存，可能是现代人类的直接祖先。在河套人被发现之前，我国在旧石器时代遗存的研究上一无所获。1922年，在内蒙古自治区伊克昭盟（现鄂尔多斯市）乌审旗萨拉乌苏河的河岸砂层中发现了它。它的出现开辟了中国古人类研究的道路。

河套人生活场景 ≫

≪ 河套人打猎

"河套人"与1929年发现的"北京人"以及1930年发现的"山顶洞人"共同绘制了中国古人类进化轨迹图，向世界证明中国的古人类进化链从未断过。这也使中国一跃成为世界古人类四大进化链之一。

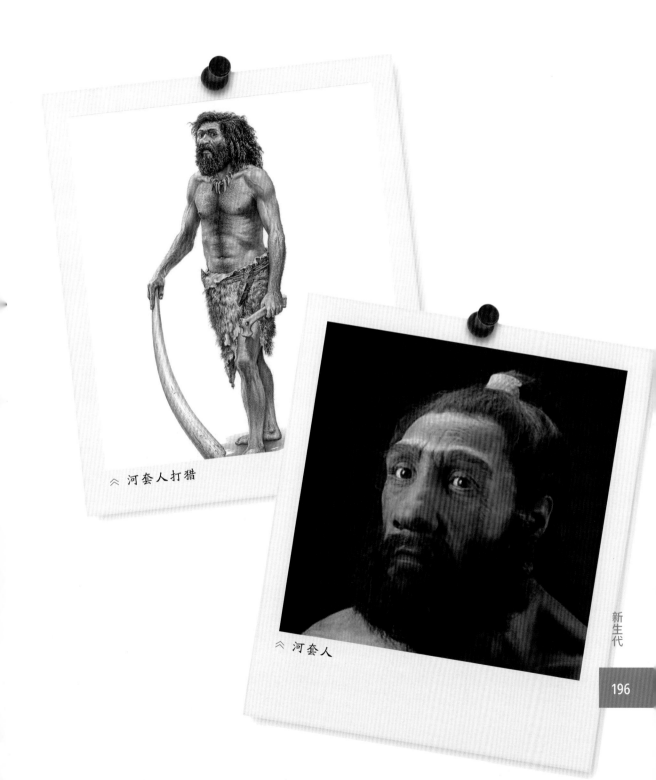

≪ 河套人打猎

≪ 河套人